家 在 奇 乾

应急管理部森林消防局政治部　编

应 急 管 理 出 版 社

·北　京·

图书在版编目（CIP）数据

家在奇乾/应急管理部森林消防局政治部编. -- 北京：应急管理出版社，2019

ISBN 978-7-5020-7226-1

Ⅰ. ①家… Ⅱ. ①应… Ⅲ. ①新闻报道—作品集—中国—当代 Ⅳ. ①I253

中国版本图书馆 CIP 数据核字（2019）第 165228 号

家在奇乾

编　　者 应急管理部森林消防局政治部
责任编辑 闫　非　罗秀全
编　　辑 孟　琪
责任校对 孔青青
封面设计 罗针盘

出版发行 应急管理出版社（北京市朝阳区芍药居 35 号　100029）
电　　话 010-84657898（总编室）　010-84657880（读者服务部）
网　　址 www.cciph.com.cn
印　　刷 天津嘉恒印务有限公司
经　　销 全国新华书店

开　　本 710mm×1000mm 1/16　**印张** 13 1/4　**字数** 158 千字
版　　次 2019 年 9 月第 1 版　2019 年 9 月第 1 次印刷
社内编号 20192696　　**定价** 68.00 元

前　言

为庆祝中华人民共和国成立70周年，2019年5月6日，“壮丽70年·奋斗新时代”大型主题采访活动——内蒙古森林消防总队奇乾中队蹲点调研采访启动仪式在呼伦贝尔市举行。

“壮丽70年·奋斗新时代”是中宣部组织的庆祝新中国成立70周年大型主题采访活动，旨在通过对各个领域、各条战线一线进行蹲点调研采访，充分展示共和国70年来的奋斗征程和辉煌成就，生动反映党的十八大以来的历史性变革和历史性成就。应急管理部推荐的内蒙古森林消防总队大兴安岭支队奇乾中队，被中宣部确定为蹲点调研采访对象。

始建于1963年的奇乾中队长年驻扎在祖国北疆原始森林腹地，坚守着我国唯一集中连片的95万公顷原始森林，先后独立扑救森林火灾160余次，获得“原始林区的守护神”“北疆森林卫士”“先进基层党组织”等荣誉称号50余项，连续6年被评为基层建设标兵中队，涌现出“一等功臣”“道德模范”“绿色卫士”等一大批先进典型。转制以来，这支曾在1987年大兴安岭“5·6”森林大火等重特大森林火灾中立下赫赫战功的英雄中队，贯彻落实“对党忠诚、纪律严明、赴汤蹈火、竭诚为民”的训词精神，在新起点上取得新发展、新进步。

应急管理部森林消防局政治部对近年来媒体记者及新闻骨干采写和创作的讴歌奇乾中队、弘扬奇乾精神、体现家国情怀的优秀原创作品进行选编，出版推介，目的是进一步宣传国家综合性消防救援队伍，为新中国成立70周年献礼。

目　　录

57 载坚守林海孤岛　不负家国河山

在我国最北方的大兴安岭原始林区腹地，长年驻扎着一支林海孤旅。从 20 世纪 60 年代组建至今，内蒙古大兴安岭森林消防支队奇乾中队的一代代消防队员在荒无人烟的林海孤岛中默默坚守了 57 年，他们用青春、忠诚和奉献护卫着祖国北疆的“绿色长城”。

熬过了漫长的冬季，6 月初，驻扎在密林深处的奇乾消防中队才刚刚等来春天，而从此时开始，大兴安岭也进入了一年中最关键的防火期，面对近期连续发生的雷击森林火灾，队员们必须全天 24 小时战备、随时奔赴火场。

大兴安岭北部原始林区是国家的战略储备林，它像一道“绿色长城”，抵御着来自西伯利亚的寒流和蒙古高原的沙尘，还守护着我国的“大粮仓”——松嫩平原的粮食生产安全。

奇乾中队负责的防火区面积达 95 万公顷，每个人的防火面积相当于 20000 多个标准足球场。

和“火窝子”相伴，只为保护绿色而战。中队成立 57 年来，先后参加扑救的森林火灾已达 380 多次。1987 年 5 月，大兴安岭地区发生新中国成立以来最严重的一次特大火灾，奇乾中队扑灭火线长度达 400 多公里，创造了连续作战 77 天的历史纪录。2017 年 4 月 30 日，边境大火突袭大兴安岭伊木河林场，奇乾中队第一个投入灭火作战，最后一个撤出火场，扑火 7 天 8 夜，哪怕在已经断了给养两天的情况下，仍然坚守到火险彻底解除。

比起无数次火海中的冲锋，奇乾队员还要面对艰苦环境的挑战。这里的冬季长达9个月，最低气温零下58摄氏度，每年至少有5个月大雪封山。布约小兵的家在大凉山，他是目前奇乾中队驻守时间最长的一名老队员，当年报名参军的他前脚才跨出大凉山，后脚又扎进了兴安岭，而这一待就是12年。

2018年，脱下了军装的布约小兵毅然带头选择留在这里继续坚守。外面的人不敢来，里面的人却不想走，因为队员们明白，他们守护的这片大森林对于国家的珍贵。

（CCTV－1《新闻联播》，2019年7月15日，熊传刚、徐平、曹文钰、吴凯俊）

护得山绿松柏青　英雄无名梦也甜

在祖国版图的“鸡冠”顶端，原始森林腹地，驻扎着一支屡建奇功的队伍——内蒙古森林消防总队大兴安岭支队奇乾中队。

50 多年来，奇乾中队一代代“绿色卫士”不畏严寒、不怕苦累、不惧寂寞、不怕牺牲，几百次鏖战火场，用青春和热血守护着这片大森林。

“奇乾是一个外面人不想来，里面人来了不想走的地方”“护得山绿松柏青，英雄无名梦也甜”……营区小河边树林里，老队员们在木牌上刻下的寄语，句句意味深长。

特别能忍耐寂寞

从内蒙古自治区呼伦贝尔市海拉尔区下飞机，颠簸近 17 个小时，终于到达额尔古纳市奇乾乡，这里仅有 7 户人家，奇乾中队因驻扎于此而得名。

“这里现在依然不通邮、不通车，离最近的居民区有 150 公里。我们的队员 2 年不下山是常事，5 年没回过家也不稀奇。”中队指导员王永刚介绍。“这已经比过去好多了，第一批队员住的是地窨子，更艰苦。”

“来奇乾工作，首先要学会忍耐寂寞。这一课没人教，需要自己悟。”队员贾晓辉回忆道。

“光喊不动、实在无用，自己动手、隐患难藏。”照明开关周边的小字引起了记者的注意。“树立正确人生观，走好人生每一步。”打开另一盏灯又看见一句。这些被奇乾人称作“心灵鸡汤”的只言片语，在中队驻地随处可见。

读书是奇乾人打发寂寞的主要方式。奇乾中队每月推荐10本书，大家一起读，一起悟。

奇乾的冬季非常寒冷，取暖设备如果出现问题，两个小时内修不好，水管就会冻裂，所以必须自己掌握技术，才能应对各种故障。做饭、种菜、盖房子……在这里什么都得自己干，久而久之，大家十八般武艺样样都会。

根雕作品展览室里，有只高跟鞋格外引人注目。一名从小和母亲相依为命的队员，想起妈妈没穿过高跟鞋，由于没机会下山买，就找了块木料，把这份心意一刀一刀刻在木头上。离开中队时，他把鞋子留在了展览室：“我想把这份思念永远留在奇乾。”

特别能锤炼本领

“嘟嘟嘟!”一阵急促的哨声，不到3分钟，奇乾中队集合完毕。

“防护头盔、防护眼镜、警用强光手电……”中队长王德朋介绍，打火前仅装备就有15公斤，还需配备3天给养10公斤。打火时，配上打火工具共负重50公斤。

“负重50公斤扑火战斗，没个好身板真挺不住。”班长范晓斌说，“大家平时锻炼从不间断。”

每天两个5公里跑和4个小时的体能训练是必修课。除了公共课

目，还会有针对性地做一些自选课目。

体能是一方面，扑火更需实地锤炼。寒来暑往，奇乾中队坚持火怎么灭、队伍就怎么练，克服重重困难，练就过硬本领。

森林腹地没有场地，队员们就在永冻层上打出水泥地面，开设400 平方米的障碍场、训练场和停机坪。

“打火注重协同作战，单兵作战形不成战斗力。”王德朋介绍，“打火还要对地形熟，这逼着我们必须去林子里实地训练。”

奇乾中队在上级组织的 127 次比武中，多次夺得金牌，奖牌摆满了荣誉室。

特别能投入战斗

立夏已过，大兴安岭冻雪还未消融，草地刚刚泛绿。度过漫长冬季的奇乾队员，既盼夏天，又怕夏天。

在茫茫的原始森林里，枯枝落叶层达 30 厘米以上，积蓄着大量可燃物，极易引发雷击山火，人们把这个地方称作“火窝子”。

1987 年“5·6”特大森林火灾，奇乾中队参加了 7 个火场的扑火战斗。火场上，队员们口渴难忍，有的在湿地上挖个坑，把嘴对上去呼吸几口潮湿的空气，有的拔一撮草根放在嘴里咀嚼……转战 20 余次，扑灭火头 56 个，扑灭火线长度达 400 余公里，创造了连续作战 77 天的纪录。

2002 年“7·28”特大森林火灾，奇乾中队冒着随时可能被倒木、滚石砸伤的危险，一边打火，一边挖隔离带。荆棘丛生的原始森林里，工具的使用效率低，大伙便用肩扛、手推、脚蹬的方式开挖防火隔离带，指甲抠掉了，裤子撕破了，最终挖出了一条宽 0.8 米、长

70 公里的防火隔离带，阻挡了大火蔓延。

“上了火场只有一个目标，扑火，别的什么都不想。”彝族消防员布约回忆起去年的一场战斗，“大家用了三天三夜扑灭了一片林火，才发现给养只剩下一斤米，13 个人每人喝了几口粥，又扑向另一个火场。”

1980 年以来，奇乾中队共出动 14000 余人次，扑灭火警火灾近 300 起，先后荣立集体二等功 5 次、三等功 3 次，2012 年被内蒙古自治区政府授予“北疆森林卫士”荣誉称号。

大兴安岭的这片原始森林，宁静而美丽，人们不会忘记无声守护这片净土的森林卫士。

（《人民日报》，2019 年 6 月 6 日，丁志军）

致敬！穿越火线的绿色卫士

来到大兴安岭的奇乾，置身茫茫林海，松涛阵阵，仿佛在讲述奇乾中队“护得山绿松柏青，英雄无名梦也甜”的动人故事。

漫山遍野的原始森林，是森林火灾的易发地。一把火，可能就会使多年植树、造林、护绿的成果毁于一旦。50 多年来，奇乾中队以保卫森林资源、维护生态安全为己任，不畏严寒、不惧寂寞、不怕牺牲，驻扎在原始森林腹地，用心守卫着这里的一草一木。

奇乾中队是我国无数支森林消防队伍的缩影。这支被誉为“绿色卫士”的专业队伍,有警必出、闻警即动,奋战在人民群众最需要的地方,用青春和热血筑牢祖国的生态屏障。向穿越火线的绿色卫士致敬!

（《人民日报》，2019 年 6 月 6 日，丁志军）

换上火焰蓝　担当永不变

戎装褪去，换上“火焰蓝”新制服，转制为国家综合性消防救援队伍，内蒙古森林消防总队大兴安岭支队奇乾中队始终牢记习近平总书记重要训词，践行对党忠诚、纪律严明、赴汤蹈火、竭诚为民的庄严承诺，踏上护卫森林资源、维护生态安全的新征程。

条件好了，思想绝不能松懈

蓝天白云下，奇乾中队营院里，一排排太阳能电池板闪闪发光。太阳能发电，让这里告别了不通电的历史。“为让这个地处偏远的部队通电，我们想了很多办法。架线成本太高，用了最好的太阳能技术。”国家电网呼伦贝尔分公司总经理李彦吉介绍。

电信公司员工柴瑞峰负责奇乾的手机信号保障。2015 年，4G 信号通了，所有队员做的第一件事，就是通过视频向家人报平安。

奇乾的路也在变化。负责给营区送给养的莫尔道嘎镇人王锡才最有发言权。水泥公路修好后，从莫尔道嘎到奇乾的时间从半天缩短到 3 个小时，“路好走了，各种保障也跟上了”。

每逢国家重大节日和新队员报到，奇乾中队都会来到距离营区 2.7 公里的国土边界处，面向祖国的方向宣誓。

“我志愿加入国家综合性消防救援队伍……”5 月 4 日，中俄

121 号界碑前，奇乾中队全体指战员穿上“火焰蓝”常服，排好队列，展开消防救援队旗，在指导员王永刚的带领下，举起右拳，庄严宣誓。

身份变了，纪律绝不能打折扣

28 岁的王德朋是奇乾中队第二十四任中队长。一年前，这位毕业于北京林业大学的硕士研究生来到奇乾中队，成为奇乾中队历史上最年轻的中队长。

今年“五一”长假，王德朋的妻子想给他一个惊喜，悄悄买了票。进了营区，正赶上紧急集合，王德朋要带领中队去执行一场打火任务。

副队长想替王德朋执行任务，被王德朋拒绝了。

3 天后，王德朋执行任务回来，妻子的假期也结束了。两人没见上面，王德朋只能电话里向妻子道歉。

“虽然我们脱了军装，但遵守纪律绝不能打任何折扣。”王德朋说。

“森林防火可以发动全社会，打火任务必须由专业强、纪律严的队伍去执行。”莫尔道嘎林业局局长郭福良介绍，去年一次森林火灾，火势很大，近5米高的火头，加上是晚上，伸手不见五指，奇乾中队的指战员来了，勇敢冲锋又讲究科学，当晚就扑灭了大火。

装备优良，本领绝不能退化

小木屋曾是奇乾中队的艰苦记忆。5年前，中队在森林腹地建起木屋作为观察点，每到防火季节派3人值守。小木屋没水没电，得自己带干粮，毒虫叮咬、猛兽打扰是常有的事。

如今监控火情用上了卫星，小木屋不再使用。但中队经常让指战员们回忆小木屋的故事，不忘老一辈防火兵的艰苦岁月。

营地的绿战长廊，展示着中队装备的发展变迁：最早的护林人员是一人一马一杆枪，打火时用一根棍；直到20世纪70年代，开始有了专业灭火器；进入21世纪，直升机、装甲车等高新技术装备进入打火战场……

5月正值防火季节，中队每周开展一次打火合练，几十种装备一起上阵。“装备越先进，越要多合练，熟能生巧，平时练得少，战时会抓瞎。必须有时不我待、每战必胜的劲头。”王德朋表示。

（《人民日报》，2019年6月8日，丁志军）

林海孤岛唱响冰与火之歌

北纬53度，大兴安岭北部原始林区，如一颗绿宝石镶嵌在祖国版图的“鸡冠”顶端。

这里冬季漫长，最低气温零下58摄氏度，无霜期仅70天，冰雪是这里的常客。半个世纪以来，森林火灾发生千余起，雷暴天气频繁，火焰是这里的劲敌。

这里驻扎着一支特殊的队伍，他们守护着95万公顷的原始森林，人均防火面积16000多公顷；他们担负着祖国北疆森林防护的任务，用实际行动诠释着“对党忠诚、纪律严明、赴汤蹈火、竭诚为民”的铮铮誓言。

延宕起伏，满眼瑰丽与雄奇，这里名叫奇乾；

林海孤岛，唱响冰与火之歌，这支队伍名叫奇乾中队。

忠于职守，他们用生命守护祖国北疆的绿色长城

呼伦贝尔、额尔古纳、莫尔道嘎……沿着蜿蜒的盘山小路，行行重行行。当沿途景色从城镇到草原，再到小型树林群，最后到遮天蔽日的混合林区时，意味着距离奇乾中队越来越近了。这里，是原始森林的深处，距离最近的城镇约150公里。

入夏的大兴安岭，松青桦洁，杜鹃欲燃。行近中队，远远便能看

半小时的早操时间很快过去。列队，看齐；解散，归寝。6点50分，快速洗漱和整理内务后，队员们在食堂门口列队。

“烈火炼丹心，热血铸忠诚，新时代的森林消防队伍肩负着神圣的使命……”浑厚的歌声响起。饭前唱上一遍《对党忠诚歌》，这是中队的惯例。即便已经退出现役并在转隶转制的过程中，这支队伍依然时刻保持战斗精神，展现忠诚血性。

7点25分，吃完早餐的队员们回到宿舍，手脚麻利地换上橙色战斗服，背上油锯、风力灭火机、割灌机等灭火装备，在主楼前集结，等候中队长王德朋的指示。

“队员们，接上级火情通报，××区林场，东经××度，北纬××度发生森林火灾，目前过火面积××公顷。下面我们来讲解一下这场火灾，随后进行战术模拟演练。”战术板前，通过分析预想的地形地貌和林草分布，王德朋开始讲解扑火时的战术策略和注意事项，队员们也在全神贯注地聆听，紧张的学习氛围弥漫在空气中。

“授课结束，下面我们进行战术模拟演练。”队员们简单检修了背上的装备，一些队员开始模拟现场勘察演练，并将勘察“结果”上报。经过分析，中队决定采用“一点突破、两翼包围”的战术进行演练。

“灭火弹手，准备投掷灭火弹，打开突破口，其他人员启动机具，跟我上!”一声令下，队员们如离弦的利箭一般奔赴前方，开始紧张的模拟演练。

日近晌午，气温有所抬升。一场演练下来，队员们的衣服已被汗水打湿，喘气声也有些沉重，但他们的眼神依然坚毅，动作依然矫健。

11点25分，训练告一段落。集合，换装，列队。厨房饭菜的香味飘来，召唤着辛苦了一上午的队员们前来用餐，补充体力，以应对下午的训练。

12点，就寝号响，队员们开始午休。正午的阳光给远处的群峰披上金甲，主楼背后的河流波光粼粼，天地间，一片宁静。

下午2点，起床号声再一次响起，队员们依旧行动迅速，在主楼前列队站好。

得益于2016年建成的4G网络基站，中队的训练也能够按照互联网上的相关教程进行调整。上午的防灭火演练对队员的体能消耗较大，因此下午的训练主要以简单的体能提升和力量训练为主。

慢跑，热身活动做充分。800米赛跑，队员们你追我赶，青春活力洋溢。

拉伸，准备动作做到位。俯卧撑、单双杠、举哑铃……队员们不相上下，男儿热血阳刚。

时光飞逝，夕阳西斜。迎着暮色，队员们满脸洋溢着开心与兴奋，一天的训练至此结束。

晚上 7 点吃完饭后，中队指导员王永刚召集队员前往会议室，收看《新闻联播》，每个人在观看完后还要对自己感兴趣的内容进行 1 分钟的点评。即使身处林海，这支队伍依然时刻关注外界的变化，及时了解党和国家最新的政策动向。

这之后的一个小时是队员们最喜欢的自由活动时间。这段时间里，他们可以打篮球，下象棋，滑旱冰，稍微放下身上肩负的防火重任，重新成为无忧无虑的大男孩。

晚上 8 点半，集合哨声响起。主楼前，队员们报数点名，王德朋讲评一天的学习和训练情况，部署接下来的训练安排。

“明天会有 5 公里越野测试，请大家做好准备，调整好身体状况，好好休息，解散！”

1 个小时后，熄灯号声响起，主楼宿舍的灯光接连熄灭。夜幕降临，星光点点，万籁俱静，松林不语，劳累了一天的奇乾中队队员在柔和的月光下进入了梦乡。这支生活和战斗在北纬 53 度的队伍，即将迎来新的一天。

（新华社呼和浩特 6 月 6 日电，叶昊鸣）

布约小兵：从一座大山到另一座大山

“本想从老家的大山里走出来看看外面的世界，没想到却走进了另一座大山，可能我这辈子都跟大山有缘。”略带憨厚的声音，来自内蒙古森林消防总队大兴安岭支队奇乾中队的二级消防士布约小兵。

今年29岁的布约小兵是一名彝族小伙儿，老家在四川大凉山。“小兵”这个略显独特的名字，来自父亲的军旅梦。“父亲曾经当过民兵，对部队十分向往，于是给我起了这样一个名字。”

这也对布约小兵产生了影响。初中军训时，看到身穿军装的教官英姿飒爽，他暗暗下定决心，自己今后也要从事这样的职业。

2007年12月，县城招募一批前往内蒙古服役的武警指战员，一心想走出大山的他怀抱着对军营的向往报了名，梦想着披上“橄榄绿”，成为一名军人。

坐飞机，乘火车，经过几天的辗转颠簸，布约小兵从西南的大凉山来到了东北的莫尔道嘎镇。根据上级安排，他被分配到了奇乾中队。

“当时对奇乾中队没有概念，只是听说环境比较艰苦，但我觉得自己来自山区，吃点苦没什么。”布约小兵说，即将成为真正的“兵”，他几乎是笑着同每一名队友告别。

但他的笑容却在前往中队的路上一点一点消失。

“方向是深山老林，路是有积雪的土路，车窗外根本看不到一点人烟，只有成片成片望不到尽头的树林。”回忆起当时的心情，布约小兵坦言，只有“失落”二字。

这仅仅只是开始。到了中队，刺骨的严寒让刚下车的他极度不适应，脸也冻得通红，彼时的气温在零下 20 摄氏度左右，与温暖的大凉山相差了近 30 摄氏度。

除此以外，常年说着彝语、只认识几个简单的汉字，让他与队友的交流异常困难。加上性格内向，完成训练后的布约小兵常常独自一人发呆，“当时想着赶紧待完这两年，然后回家”。

来到奇乾中队，每一名队员都是家人。班长郭喜了解情况后，主动来做他的思想工作，鼓励他多跟队员交流，并且买了几张字帖让他练习，每周的工作总结，也只让他说说自己学会了哪些普通话，会写了多少个汉字。

在队员们的帮助和自己的努力下，半年后，布约小兵已经可以比较熟练地同他人进行交流，写得一手漂亮楷书的他成了中队黑板报的常客。

如果说生活上的互帮互助拉近了他与队友之间的距离，那么在火场上的生死考验则让他们的情谊更加深厚。

2011 年 7 月，中队接到上级命令前往一处火场，扑完明火已是 5 天后，随身携带的 3 天给养基本耗尽，队员们又累又饿又渴，几近崩溃。

时任中队长的李志刚从背包里拿出了两根火腿肠，用小刀切成一片片，招呼大家赶紧吃。“说实话，两根火腿肠根本不够吃，但当时没有人动手。”布约小兵回忆，最后还是李志刚主动分配，每人两片火腿肠。

时光飞逝，12 年过去了，周围的队员来来去去，曾经想要远远

逃离中队的布约小兵却成了待在这里时间最长的几名森林消防员之一。参与大大小小数十场扑火战斗的他，从一名背着加油罐、跟在队伍后面的“小兵”，成长为一名手持油锯开路、走在队伍最前头的“老兵”。

在火场上有拼劲，谈到家庭，他却满是愧疚。

“有一年休假回家，母亲突然病倒住院，病情刚有好转，我却接到了上级命令，需要立刻返回。”布约小兵说。

是请假继续陪着母亲，还是立刻归队？为难之际，母亲替他做了主，让他赶紧回去。“她说，肯定是有任务才叫我回去，不要因为她的病耽误了。”

12 年来，布约小兵从未与父母一起过过农历十月的彝族新年，每年的春节也在中队坚守。

2016 年，布约小兵与相恋 4 年的女友走进了婚姻的殿堂，但婚后不到半个月就返回了中队参与扑火任务。如今妻子仍在老家，聚少离多成为常态。“探亲回家，儿子都不认识我，一抱就会哭闹。”他说。

自古忠孝不能两全。布约小兵说，选择了这份职业，就意味着选择了奉献，选择了坚守，选择了忠诚。

森林消防队伍转隶转制后，布约小兵也面临一个问题：是继续在这里当森林消防员，还是回老家与家人团聚？

“如果可以，我要继续在中队干下去。”他的眼中满是坚毅。

（新华社北京 6 月 6 日电，叶昊鸣）

他们是一群“火疯子”
也是最普通的“孩子”

做记者第五年，我报道过消防员三次，但每次都在突发新闻时和他们接触。这一次，我很庆幸，能用一种平和的心态走进他们，听听他们的故事。

来 到 奇 乾

立夏之际，首都的天已经冒了点上头的热。

身边的人迫不及待地换上短袖，而我翻箱倒柜一番，重新裹上了厚重的棉服，准备前往祖国边疆。

等待我的，是一群20岁出头的孩子。

他们久居山林，守护着我国北部95万公顷原始林区的生态安全。那里有被众人熟知的白桦林，也有耳熟能详的马尾松，但他们的名字却鲜有人知。

目的地是内蒙古海拉尔区莫尔道嘎镇奇乾村，作为一名东北人，我不曾听说过那里。但在奇乾村，没有一个人不知道这群孩子，因为他们是那里的“守护神”，他们是长年驻扎在奇乾的森林消防员。

我是个从小在城里长大的姑娘，20岁时，我关心的只有自己的

学业和前途，对于“生死”这件大事，思考很局限。

但我要去见的，是常年处在“生死一线”上的孩子。在媒体的镜头里，他们总是灰头土脸般地出现，但他们身上露出的那抹鲜亮的橙色，却会立刻令人肃然起敬。

奇乾很远，那里靠近中俄边境线，从海拉尔区驱车“马不停蹄”地跑也要一整天。奇乾中队更是身处林海腹地，只有一条小路可以进入。

奇乾很冷，那里一年长达5个月是冰封期。入夏时分，太阳高照，但路两边还有未化的积雪，河上还漂着大块的浮冰。冬季里，雪落下几尺厚，车不通，那里便是与世隔绝般的存在。

和他们初见是在晌午，正好赶上他们吃午饭。身着蓝色常服的森林消防员们迈着整齐的步伐从宿舍来到餐厅门口，列队唱着森林消防系统的“四句话方针组歌”，他们唱的歌词我没全听清，但那种声势和气势丝毫不像出自20多岁的孩子之口。

关 于 恐 惧

内蒙古森林消防总队奇乾中队组建于20世纪60年代，50多年来，这里永远有最富激情最新鲜的血液在驻守。我想，也必须是这种年轻的“火热”才能抵挡冰雪的“冷漠”吧。

许多人都以为森林消防员和日常在城市里见到的消防员一样，没做记者前我也这么想，后来到了火灾现场，我才知道，比起可以拎着水带灭火的城市消防员，森林消防员的作战工具更为简单，只有背在身上的风力灭火机，还有拿在手上长得像个短拖布的清理工具。和身上其他的装备加在一起后，就是三四十斤的负重在肩。

在那里，我尝试背过他们的风力灭火机，没有装油时净重已经快20斤。对一个体重只有110多斤、常年缺乏运动的我而言，我很担心，这个“大块头”背时间长了，会不会把我的背压弯。

但它就那么轻轻松松地被这些消防员背着，在山林间来回穿梭。

森林消防员的工作场所只有一处：山林。唯一的不同，就是从这座山到那座山。按照采访计划，我们有半天是要和消防员们一起进山，了解他们的日常巡逻工作。

我和同行们都略显紧张，把自己裹得像个粽子般才出发。因为此时正是“草爬子”最活跃最旺盛的季节，这种只有小手指头指甲大的黑虫叫“蜱虫”，专门喜欢往人和动物的毛发里钻，吸人血，释放一种病毒，能让人患上脑膜炎。一旦被它咬上，是万万不能用手拽的，越拽咬得越紧。

刚到奇乾中队的时候，我们只在后山走了一圈，就有同行身上落了一只。以前出去游玩的时候，我也经历过一次“草爬子”上身，万幸还没被咬到就发现了。

作为山林里的外来人，我们对“草爬子”有点“闻风丧胆”，但这些森林消防员对“草爬子”早就习以为常。

他们打火时，经常要走上一天一夜。有时一场火打下来后，有的人掀起衣服，就能看见四五只“草爬子”趴在自己的肚子上。

我们开始跟着消防员们爬山。坡不陡，只有30多度，但我着实高估了自己。走在前面的消防员一溜烟的功夫就爬到了第一个小山头，后头跟着的记者们，却都走得小心翼翼。

我穿了一个长外套，步子迈不大，气喘吁吁走了一段后，一抬眼，发现自己已经掉队，走在了最后。回头，望着空荡的山下，感觉周围一下子没了声音，只剩下自己局促的呼吸声，我突然间有点冒冷

汗，生怕一个不小心踩空滚下去。那一刻，是我来奇乾后第一次真的感到“害怕”。

走到终点后，我就问他们，白天在荆棘丛生的树林里都走得这么艰难，到了夜里，仅靠着月光和微弱的手电筒灯光，要如何行进？

答案出乎我的意料，中队长王德朋告诉我，他们反而最喜欢夜间行走，气温低，黑夜把那些一望无边的树林都“遮”住了，也遮住了大家心里的“慌”。只需要按着指南针的方向前进，看不到那漫山遍野的树木，反而走得轻松踏实。

因为走过山林，我一下子能明白那种感觉——看不到远处的恐惧，顾好眼前反而没那么害怕。

火　疯　子

林区的山火每年在夏季多发。有时候，一场火刚扑灭，消防员们就被带到另一个火场。

他们称自己是“火疯子”，打火的时候，很多事情都顾不上了。疲倦感和饥饿感一阵阵袭来，又很快在赶路和火火中被“冲”走。

中队炊事班里的一个消防员告诉我，他们曾经有过两三天没吃东西的经历。等火打灭了，队员们想做的第一件事情不是吃饭，而是睡觉。比起队里的床铺，林地就是他们的第二张“床”，补足了觉，才能听到肚子咕咕叫。

一次，连续作战打两场火，食物补给不足。山下的食物还运不上来，只剩下一点米面，做了一锅粥和面疙瘩汤，但锅里大部分的都是水。队里的老消防员就商量着自己吃上面的“汤”，把底下的“干货”留给年轻消防员，“不能饿了那些新人”。

更多的时间，他们喜欢在户外运动，打篮球、滑旱冰是周末的娱乐项目。冬天日子太难熬，他们也会开发出冰上足球这样的运动项目。“他们很单纯。”中队指导员王永刚来这里五年，在他的眼中，这群孩子和他带过的其他消防员有点不同。

这种单纯不仅仅是眼神，而是想事情做事情就很单纯。有的时候，单纯到布置给他们一项任务，他们就只知道完成眼前这一块，周围类似的情况，他们也不主动处理。王永刚有时会觉得有点无奈，但也觉得很可爱。

这群可爱的孩子也向往爱情，可惜的是，距离把他们的爱情挡在了山林外。队里的年轻人哪个没失恋过，有时候一场打火任务出动，经常半个多月用不了手机，远在另一处的姑娘，很少能有人承受得了这样的异地恋。

2018 年，消防部队改制后，他们脱下了心爱的戎装，换上了庄重的“火焰蓝”，但他们的言行举止仍然是名军人。站着说话的时候，他们的手总是习惯地自然放在裤缝间；坐下来时，上身依旧挺拔。那里的村民每每提及他们，也总是改不了口：“这群消防兵、这群消防兵”。

从那里离开时，我给他们留了一本我正在读的书《中关村笔记》，书里讲述了北京中关村不同时期的代表人物，我觉得奇乾和中关村也很像，一批批消防员走进这里，选择坚守，选择奉献他们的青春。

来是偶然，去是必然。我更希望，有一天，当他们离开那里时，他们能有机会来到北京看看，或走到其他的城市，更快地找到生活的下一个坐标和方向。

（《中国青年报》，2019 年 6 月 6 日，宁迪）

家 在 奇 乾

对常人来说，家是归宿，是温暖，是安全。

今天这里的主人公们，却选择离开自己的家，从祖国各地奔赴同一个新家——奇乾。在这里，他们面对的是孤寂，是寒冷，是危险。

但是，没有人后悔。他们说，这是命运使然，也是内心抉择。

下面讲述的，就是他们的故事。

一

极少有人到过我国北疆一个叫奇乾的地方。它位于内蒙古大兴安岭深处，原始林木是这里的多数物种，熊和狼会用吼叫声宣示它们的存在。

相比之下，人在奇乾是一种罕见的存在。

奇乾乡仅有的 4 户居民列举了这里有多么不适合人类居住：一年中冬季长达 9 个月，气温最低达到零下 50 多摄氏度，遍布的原始森林阻挡着他们与外界的交往，他们的后代和曾经的邻居都搬到了最近的邻乡，那里距离奇乾有 150 公里。

1962 年，曾经的森林警察部队在这里建立了第一个哨所。第二年 11 月，内蒙古森林警察支队第一大队十七中队在这里成立。

队员王天宇的话代表了大家的想法："我们手里虽然不拿枪，但是拿着打火用的风机。风机上的风筒就是我们的枪。拿着它上火场，感觉就像上战场打仗。"

打火是这支队伍存在的意义。

1987 年，大兴安岭那场重大森林火灾震惊世界。当时的国务院有关领导通过电话向扑火前线副总指挥问道："你们现在还有什么要求?"回答说："增加风力灭火机，增加森林警察!"

由此，这支被称为"烈火中的红孩儿"的队伍开始被国人知晓。

对于新队员来说，第一次打火往往很兴奋，坐上去火场的车，他们会说个不停。

老队员则明白，车一旦开出营区，啥时候能回来，运气很重要。这时候，老队员都会闭上眼睛不说话，为即将到来的战斗积蓄体能。

考验往往在队伍与火相遇之前就已经开始。

奇乾中队负责的防火面积有 95 万公顷，人均防火面积约为

24000 个标准足球场那么大。

这一地区高山相连，原始林木密布。当山林起火时，汽车能做的，只有把队伍送到距离火场最近的公路切入点。剩下的路，需要队员们徒步走完。携带的打火工具和给养，让每个人的负重少则五六十斤，多则八九十斤。

雷击火是常见的起火原因。队员们徒步的距离由雷击地点决定，没有规律可循。

王永刚曾经带队走过一段直线距离为 13 公里的山路，用了 27 个小时。

原始林区没有人去过，自然也就没有路。所有的路都是队员们拿着镰刀和油锯开出来的。

走到后半夜，困意和疲惫侵蚀着每个人的身体，思考的能力和兴奋的感觉消失殆尽，只剩下机械行走的躯体进行着条件反射式的报数。

王永刚说，在这里，没有先天能吃苦的人，只有后天硬扛的人。

四

所有的硬扛都是为了与火场的相遇。相遇后，战斗随时打响。

林火分为树冠火、地表火和地下火。其中以树冠火的扩散最为迅猛。火在树冠上燃烧，火头往往有十几米高，借着风势，从一棵树烧到另一棵树，在山林里肆无忌惮地游荡。

打火并不一定在队伍抵达火场后就立刻开始。风大、温度高的时候，火势最猛，这时候一般不直接打火，因为火势很难控制，危险性很大。

抵达火场后，指挥员马上勘察地形和天气，预测过火面积，确定建立隔离带位置。队员们则根据指令，砍倒林木，挖地壕，打出隔离带，确保把大火控制在一个范围内。

向火魔进攻，往往在风力变小、气温下降时开始。

老队员组成尖刀班，冲在前面，背着风机打火头，年轻队员跟在后面清理余火。

战术能力的提升和装备的现代化，快速提升着森林消防队伍的扑火能力。如今，96% 的林火可以实现当日扑灭。

但是大兴安岭的独特环境，决定着在这里要打赢一场林火战役，耗时六七天并不罕见。

布约小兵曾经执行过一场长达半个月的打火任务。打火结束时，队员们的鞋底、袜子与脚皮黏在一起。脱下鞋，破碎的袜子和脚皮也被一道撕下来，队员们用碘酒在脚上擦拭后，再用刀尖把黏在脚上的袜子碎片从血肉模糊的脚底板上割下来。

被当地人称为“草爬子”的蜱虫，同样会带来不小的麻烦。在奇乾中队，不少人都在打火时被蜱虫咬过。一旦被蜱虫附着在身上，它就会把头部的针管刺入人的皮肉里，注入麻醉毒素，而后吸血。如果发现得早，可以用烟头把蜱虫烫出来。如果硬拔或者发现太晚，蜱虫会钻入肉里，只能用刀把皮肉割开将其取出。

但是队员胡彭冲觉得，与打火时缺水相比，这些痛苦都不算什么。

长时间靠近烈火，会造成人体水分加快流失。有经验的老队员格外珍惜带的水，无论多渴，每次都只抿一小口。

不少年轻队员都吃过没有这种经验的苦头。胡彭冲第一次打火，在前往火场的路上就喝完了自带的水。那场火足足打了4天，队员们的水全部耗尽。

胡彭冲开始饱受缺水的折磨，“脑袋里就一个声音——找水”。

班长教他一招：用刀划开桦树皮，插入一根木棍，引出水分，用瓶子接住。一个小时后，接了3厘米高的桦树汁，大家分了，每人抿了一口。

在林区火场上，“扣头”是最动听的一个词。

“扣头”的意思是分布在不同火线的队伍实现碰面，这意味着队伍完成了对火线的合围，火势得到了控制。

火场上能见度不高，打火的队伍也不知道什么时候能够实现“扣头”。观察整体火情的后方会掌控一切，通过对讲机告诉火线上的指挥员：某某中队注意，前方多少米是某某中队，马上实现“扣头”。

“这声音传来时，我们就知道，终于能从炽热的地狱回到温暖的人间了。”王德朋说。

五

2012 年的一次打火，让王永刚爱上了吃罐头。

那一次，王永刚跟着队伍去打火，从火场撤下来时，所有人的给养都消耗完了。副教导员赵彬拿出仅剩的一小瓶罐头，分给大家吃，每人吃了一小口。

到现在，一看到罐头，王永刚还会想起那种感觉，“清爽无比，没有什么比它更好吃”。

回去后，王永刚买了两箱罐头，给所有队员每人送了一瓶。

大兴安岭森林消防支队政委康建有觉得，火场是大家建立情谊的地方，“很多新队员，都是在跟大家分着吃仅剩给养的时候，开始把队友当成家人”。

这种森林消防版的《一个苹果》的故事，几乎所有大兴安岭的森林消防队员都经历过。

布约小兵最难忘的版本是大家分食火腿肠：2011 年的一场林火，奇乾中队带了 3 天的给养上火场打火，然而 5 天才打完火。全队的给养已经基本耗光，当时的中队长李志刚召集队员们围坐在一起，拿出两根火腿肠，切成片放在中间。

布约小兵说，每个人都恨不得全吃了，但是没有一个人先动手。最后中队长给大家分，一人两片。

队员们分食的两根火腿肠，是李志刚从自己的给养中省下来的。

在奇乾中队，没有人因为级别高而在火场上享受优待。级别越高，必须越能扛。

2017 年，奇乾中队打完一场火后，被告知飞机已经支援其他火场，无法投放补给。大家搜集了仅剩的一点面和一点米，做了一锅疙瘩汤和一锅稀饭，王永刚带着骨干队员先喝上层的汤水，底下的面和米留给新队员吃。

六

稍老一点的队员可以作证：奇乾在变。尽管与外界的变化相比，这里的改变慢了很多。

2015 年，奇乾通了 4G 信号，所有人做的第一件事，就是下载微信，和家人视频聊天。

在更早的 2009 年，营区的后山上有了第一个微基站。在天气好的情况下，队员们带着手机到营区的几个位置，一个格的 2G 信号就会出现。

“营房三楼右侧第二个窗户处，训练场的单杠上，菜窖旁空地上一人多高的位置……”老队员没有忘记这些有信号的任何一个位置。

手机一旦找到信号，身子就一点不能再动。换个动作，信号就会消失。曾经有队员在树边找到信号后，把手机挂起来，打开免提，拨通电话，对着手机喊。

电信公司员工柴瑞峰负责奇乾的手机信号保障。2009 年，他第一次来这里安装微基站，队员们全都上山跟他一起干，“干到晚上八九点，劝都劝不住，不肯停”。

安装完微基站，一个队员在找到信号后，给家人打通了第一个电话，一边说一边哭。

除了信号，奇乾的路也在变化。莫尔道嘎镇的王锡才对此最有发言权。

水泥公路修好后，从莫尔道嘎到奇乾的时间从大半天缩短到3小时。如果天气情况良好，王锡才每隔9天上一次山，给大家送蔬菜和日用品。从2006年开始，王锡才跑废了3辆车。队员们称他为“莫尔道嘎车神”。

即使是“车神”，对奇乾的山路也充满敬畏。寒冬来临时，地下的暖泉水流到路面，流一层冻一层，形成长达十几公里的冰包，最高能有两层楼。

王锡才说，要想让车安全通过，“必须在冰上一点点凿出刚好车轮宽的路，然后在心里祈求一下平安”。

王锡才可以毫不费力地讲出这条路的许多故事。例如，曾经的中队长尚国义的爱人来探亲，遇到大雪封山，思夫心切的她强行上山，到距离营区19公里的地方，再也无法前行，含泪返回。

七

王德朋刚到奇乾中队时，惊讶队员们的纯粹，他看到大家的眼睛里都充满了真诚和平静，“不需要太长时间，就能跟他们打成一片”。

队员王震来自安徽阜阳，到奇乾中队已经9年。他负责营区锅炉、发电机等重要设备的日常运转。来中队的前3年，他没有回过家。

而王震的师父郭喜，因为工作几乎无人能够替代，曾经9年没有回过家。

郭喜用同样的话安抚过很多刚到奇乾中队的新队员：“后山那些花，你关注它，或者不关注它，它都会开。不是为别人开，是为自已开。”

王震觉得，在奇乾的一个好处，就是有一种与世无争的感觉，内心很平静，终极目的就是打火，其他事不会想太多。

一位转业老兵在多次到访奇乾后，很受感动，写下一首歌，歌名叫《家在奇乾》，成了中队人人会唱的歌。

歌词写道：“穿过了茫茫大草原，走进了巍巍大兴安，林海深处安了家，家名叫奇乾……一日又一日，一年又一年，看惯了我的林海，爱上了我的奇乾。”

在一款音乐 APP 上，也可以找到这首歌。一些已经离开奇乾的老队员留下评论，表达着他们对“家”的思念。

八

森林消防人把自己定位为祖国的“守夜人”。守护在国家北疆的极寒之地，和冰与火为伴，他们的身后，是辽阔的国土。

每逢国家重大节日和新队员报到，奇乾中队都进行消防救援誓词宣誓。这个时候，所有人都穿上火焰蓝的常服，来到距离营区2.7公里的国土边界处。

大家挨着界碑，排好队列，整理好衣装，把消防救援队旗展开。

王永刚带头，大家握起右拳，举手宣誓：我志愿加入国家综合性消防救援队伍……不畏艰险、不怕牺牲，为维护人民生命财产安全、维护社会稳定贡献自己的一切。

队伍和队旗都面向祖国。王永刚说，那就是他们为之战斗的家园。

（《经济日报》，2019年7月5日，袁勇）

最 可 爱 的 人

和平年代，谁是英雄？我会想到很多群体。但是我在奇乾见到的这群人一定是其中之一。

在奇乾的每一天，我都被一些东西感动着。

奇乾中队原指导员赵国明，在爱人陈丽来营区探亲那天，突然接到打火任务。陈丽走到营区门口那一刻，恰逢赵国明的车开出营区。两人在营区门口相视一眼后，赵国明留下一句“等着我，我很快回来”，就去了火场。

7 天后，陈丽假期结束返程，始终没有见到赵国明。此刻的赵国明，正在与火魔激战。他回到奇乾，已经是陈丽离开营区的又一个 7 天之后了。

在奇乾中队，这样的故事还有很多。当队员们敞开心扉诉说时，你既能感受到他们常年远离家人和家乡的相思之苦和思乡之情，又能感受到他们对大兴安岭林海深深的眷恋。你既能感受他们在火场鏖战时的紧张和对大自然的崇敬，也能感受到他们为这份职业所激发出的英雄气概。

孤独与不舍，恐惧与无畏，在这群人身上融合，没有矛盾地展现出来。

奇乾中队这些可爱的人，有一种独特的品质深深地打动着我，那就是他们面对这一切时所表现出的平和与纯粹。

每个跟他们接触过的人，都对他们有着同样的感受：在讲述自己的故事时，他们没有一丝一毫的抱怨和不满，更没有一丝一毫的邀功自赏。在讲述与死神擦肩而过的经历时，与日常吃饭、喝水的表情没什么两样。他们将自己所做的这些不平凡的事，看得那样自然。

要想找到一个准确的词语形容这样一个群体，并非一件容易的事。我想，“最可爱的人”，可能恰如其分。

(《经济日报》，2019 年 7 月 5 日，袁勇)

密林深处的“蓝朋友”

编者按：今年是新中国成立 70 周年。70 年披荆斩棘，70 年风雨兼程。一路走来，中国人民自力更生、艰苦奋斗，创造了举世瞩目的中国奇迹。无论是在中华民族历史上，还是在世界历史上，这都是一部感天动地的奋斗史诗。从今天开始，中国之声推出大型主题报道《壮丽 70 年　奋斗新时代——足迹》，中央广播电视总台央广 50 多名记者深入偏远乡村、城市社区、工程现场、科研院所……蹲点调研，充分展现一个古老民族的现代化传奇，充分体验新征程上人民的奋斗精神。

北纬 53 度，在祖国版图“鸡冠”处有一个叫做奇乾的地方。这里紧邻中俄边境线，年平均气温零下 3 摄氏度，冬季长达 9 个月，方圆百里人迹罕至，被称为“风停止的地方”。内蒙古大兴安岭森林消防支队奇乾中队就驻守在这里，42 名指战员担负着 95 万公顷原始森林的防火灭火任务，守护着祖国北疆生态的最前沿。

林海孤岛上的奇乾中队

距离奇乾中队最近的城镇是山脚下的莫尔道嘎镇。5 月 8 日一早，我从这里出发，一路北上。虽已立夏，但 5 月的大兴安岭原始林区却难见绿色。起伏颠簸的冻土道路，溪水旁还未消融的冰雪，突然出现的、倒在路中间的树木，都时刻提醒我将要到达的地方是北疆极寒之地。大山深处的奇乾中队会是什么样子？不通电，不通邮，手机常没信号，年最低气温零下 58 摄氏度……林海孤岛——这四个字在我脑海中不断盘旋。

从莫尔道嘎镇到奇乾大概 150 公里，但林区公路足足走了三个小时，直到透过层层密林，眺望到远处的山峰上出现的红色“忠诚”二字，我知道终于到了。

在营区门口迎接我的是奇乾中队指导员王永刚，今年是他来到中队的第五年。

王永刚：“我们中队始建于 1963 年，全称是内蒙古森林消防总队大兴安岭支队莫尔道嘎大队七中队，又称为奇乾中队。我们中队前身可以追溯到解放军骑兵团改编的林务大队，中队在清山剿匪中诞生，在护林防火中成长……”

通信全靠喊的世外桃源

我跟随王永刚的脚步走进营区，奇乾中队的轮廓立体起来——这里三面环山，一面邻水。鸟叫虫鸣萦绕林间，放眼望去是无穷无尽的森林，蓝天白云下，两排太阳能电池板闪闪发光，红色屋顶、白色墙面的营房整齐排列，食堂的烟囱冒着炊烟……奇乾中队给我的第一印象是“世外桃源”。

不过问题很快就来了，中队负责营区供电工作已有 9 年的二级消防士王震告诉我，在奇乾生存的第一课是要用平和的心态应对停电。

王震：“从 2015 年开始，上级给配发了 110 块太阳能板。夏天太阳充足的话，可以用三天。冬天的话，早上 8 点半的时候天可能才会

亮，下午 3 点半天就黑了，日照非常短，（太阳能板）充电（时间）就非常短，只能够用一天的。”

奇乾中队二级消防士王震负责营区供电工作已有 9 年。王震说，由于奇乾地处原始森林腹地不通电，太阳能板如果遇上连续的阴雨天，就无法储存足够的电量，营区随时可能停电，而停电也意味着手机没有信号，无法和外界联系，这里将成为名副其实的“林海孤岛”。但在指导员王永刚看来，现在的“偶尔失联”和之前的“完全失联”相比已经不是同一个概念。

王永刚：“中队 2010 年的时候才有信号（全覆盖），我很难想象在 21 世纪的时候居然还有不通信号的地方。中队没有信号之前，距离这里 40 公里的地方，有一个通信塔是整个管护区的中转站。中队信号只能在咱们菜窖靠前的空地搜到。那时候大家就把手机这么举着才能收到信号，如果把手机收回来，信号就都没有了。我们就这样举着手机，开着免提通话。当时有一个笑话，就是说通信全靠喊，手机挂在树上打。”

老队长腌了 17 缸酸菜

除了电力供应，食物匮乏也是奇乾中队指战员几十年来一直在努力解决的问题。20 世纪 70 年代，中队仍然住的是木刻楞房子，吃的是高粱米、大碴子，喝的是又苦又涩的冰雪水、沿流水。曾经亲身经历过那段艰苦岁月的奇乾中队“老班长”王海提起往事，不无感慨。

王海：“冬天就靠储备卜留克咸菜、大萝卜咸菜、渍酸菜。1974 年（渍酸菜）我特别有印象，跟着老队长腌了 17 缸酸菜，在食堂这一圈都是酸菜。”

为了解决吃菜难问题，2003 年全体指战员对两米多厚的冻土层进行土壤改造，用 4 年多时间建起 10 亩良田、3 座温室大棚和 1 个暖气调温菜窖，即使大雪封山也能保证吃上黄瓜、西红柿等新鲜蔬菜。在“林海孤岛”中能够顽强地扎下根来，这本身就创造了生命的奇迹。

原始林区也有最美逆行

这样不宜人居的环境，奇乾中队为什么还要坚守？中队长王德朋说，内蒙古大兴安岭北部原始林区是我国唯一集中连片未开发的原始林区，也是森林火灾多发地区，素有“火窝子”之称。每年的春夏秋三季，林火此起彼伏。奇乾中队常年驻守在这荒无人烟的森林深处，就是为了应对随时发生的森林大火。火灾来临时，他们可以快速机动，快速到位。我蹲点采访时，正是森林防火灭火紧要期，中队的全体指战员全天 24 小时战备。

王德朋：“我们中队打火总是第一个出发，第一个到达火场，第一时间投入灭火战斗，但是是最后一个撤离。这是我们中队战略前沿任务所必须的，我们是保护北疆森林生态系统的一个桥头堡，这是我们中队的战略地位。”

1987 年 5 月 6 日，黑龙江省大兴安岭地区发生特大森林火灾，这是新中国成立以来最大的一次森林火灾。奇乾中队 40 余名队员奉命赶赴火场。水源断了口渴难忍，扑火队员们有的就在湿地上挖个坑，把嘴对上去呼吸几口潮湿的空气解渴，有的拔一撮草根放在嘴里咀嚼解渴。他们转战 20 多个火场，扑灭火线长度达 400 余公里，创造了连续作战 77 天的历史纪录。

2017 年 4 月 30 日，俄罗斯入境大火侵袭大兴安岭北部原始林区伊木河林场，奇乾中队在火场上坚守 7 天 8 夜。14 个小时与火魔的艰苦鏖战、3 天 4 夜没有给养的执着坚守、27 个小时原始森林无人区的昼夜奔袭，先后处理险点 87 个，防止死灰复燃 12 次。

歌曲《我深爱的奇乾》：“在巍巍兴安岭上，有我守望的地方。火红青春的岁月，编织着绿色梦想。告别尘世的繁华，初心在心中激

荡。林海松涛声阵阵，伴我走向那战场……”

无数个日日夜夜的坚守，无数场与火魔的直面对抗，都为了一个共同的目标——守护祖国北疆这片绿色的安宁。作为祖国北疆生态屏障的第一道防线，半个多世纪来奇乾指战员林海尖兵的旗帜，早已化作大兴安岭最光荣的壮丽景色！

歌曲《我深爱的奇乾》：“身着火焰蓝，战火魔，斗万难。密林深处有我在，守卫这片绿水蓝天。身着火焰蓝，赤子之心一身肝胆。刀山敢上火海敢闯，我们不畏艰险。”

就在此刻，内蒙古大兴安岭北部原始林区又有火情，其辖区内的乌玛林业局西口子林场昨天中午发生两起森林火灾，奇乾中队的队员们正在逆行扑火。截至昨晚的最新消息是，内蒙古森林消防总队及林业快速扑火队 250 人已到达火场，扑救工作正在有序开展。内蒙古森林消防总队官微昨夜发了这样一条微博：今夜又是不眠夜，愿一线指战员平安归来！

（中央广播电视总台中国之声《新闻和报纸摘要》，2019 年 7 月 8 日，李思默）

林海孤岛绽放热血青春

“有充沛的体能才能向火场开进”

内蒙古大兴安岭是祖国北疆的“绿色长城”，常年驻守在这里的内蒙古森林消防总队奇乾中队，就像深山里高大挺拔的兴安落叶松，不求人知、顽强生长，担负着北疆 95 万公顷原始森林的防火灭火任务。

5 点 30 分起床，5 点 40 分出早操，奇乾中队小伙子们的一天从体能训练开始，每天五公里的晨跑是必修课。来自河北唐山的徐建鹏

是中队报务员，刚入队时，五公里测试，他跑了最后一名。

徐建鹏：“不想练，自己练着心里也烦，每次都在后面。中队长发现那次跑步的时候我就不想跑了，他就找我谈心说，‘自信是成功的前提，勤奋是成功的催化剂’，必须勤奋，你对自己也要有自信。”

中队长的一番话让徐建鹏重新鼓起勇气，刻苦训练之后，月底考核他综合成绩排名全队第一。

奇乾中队最注重体能训练，中队长王德朋说，这是因为在扑打森林大火的过程中，体能是非常重要的基础。

森林消防指战员的防护装备都是什么？来看中队长王德朋的介绍：“我们往往是下了车，需要走一夜的路才能走到火场上，所以说必须有充沛的体能，保证能够走到火场。而走到火场的时候，我们可能就马上投入到灭火作战，如果说这个时候你的体能耗尽了，后续的灭火作战就无法开展，所以必须有充沛的体能保证我们能够向火场开进，到了火线边上能够迅速地投入战斗。”

不同植被地形要用不同战法

5月的大兴安岭进入森林防火灭火紧要期，每年这个时候，奇乾中队都要全副武装，一周多次进山巡护，同时开展野外化、实战化训练。到达“林海孤岛”奇乾中队的第三天，我跟随中队进山巡护，任务是山岳救援训练。

王德朋告诉我，这次训练的目的是让队员们熟练掌握救援的基本程序、方法和步骤。“我们现在模拟的情况是这名游客在进行游山的时候，被站杆砸伤了脑部，我方找到他以后，对他实施包扎，等待下一步的救援。”

大兴安岭北部原始林区植被茂密，可燃物载量大，地被物厚达30公分以上，独特的地理条件在夏季极易因干雷暴引发原始林区森林火灾。除了救援迷山游客，王德朋说，还要对管护区内的植物、植被和地表形态进行踏查巡护，一旦发生森林火灾，就能立刻知道植被地形的组成情况。

王德朋：“大兴安岭原始林区腹地所发生的森林火灾，一般过火面积会非常大，这是因为许多高山连在一块，林子也是连成片，有利于林火大面积的爆发。我们在整个训练和扑救森林火灾过程当中，会依据我们的植被地形等特点，采取不同的战法，这就是现在科学灭火手段的表现之一。”

“外面的人不想来，里面的人不想走”

“神圣的信念，只为生命至上，光荣的使命，只为安全保障，新时代造就的应急队伍，我们是国家综合性消防救援力量……”

奇乾中队是森林消防队伍唯一独立驻防的中队。我刚进营区时，后面山上 20 米长、20 米宽大小的“忠诚”两个字就赫然映入眼帘。中队指导员王永刚说，这是指战员们用从山上捡回的白桦树枝历时半个月搭成的。

王永刚：“把它放在我们中队营区最显眼的位一个位置，可以提醒我们所有的指战员，我们要始终保持对党、对祖国、对人民、对社会主义的无限热忱，去忠实地履行我们保护祖国北疆这片森林的职责。在这个地方大雪封山的时候，连一个生人都见不着，我觉得如果心中没有信仰的话，或者说心中没有信念的话，根本就坚持不下来，忠诚永远放在我们这支队伍的第一位。”奇乾中队指战员与森林树木朝夕相伴，时间长了就喜欢用树来表达自己的感情。

“那一年离开家，梦想出去见见世面，穿过了茫茫大草原，走进了巍巍大兴安。林海深处安了家，家名叫奇乾，半年雪封路，百里无人烟。想家时抬头望望山，故乡就在山那边，奇乾人心里都知道，哪怕再苦不抱怨，人生处处是晴天。”

“林海深处安了家，家名叫奇乾，半年雪封路，百里无人烟”“职责需要我在哪里，家就在哪里”，在奇乾中队指战员心中，这片林海已融入他们青春的血脉。中队二级消防士 29 岁的彝族小伙儿布约小兵，来自四川大凉山，今年是他在中队驻守的第 12 年。

布约小兵：“离开了大凉山，想看看外面的世界是怎么样，没想到自己从大凉山走到了另一座大山。永远离不开大山，跟自己想象的差别很大，当时心里就凉了，很失落。”

刚入队时，布约小兵只会说彝族语言，与队友交流困难。刺骨的严寒和生活习惯的不同让他只想把自己封闭起来，赶紧度过这两年后回家。当时的中队领导把这一切都看在了眼中，主动买来字帖让他练

字，还鼓励他学习普通话和队友交流。渐渐地，布约小兵打开了心结，不仅练成了一手漂亮的好字，还和队员们结下了深厚的友谊，业务上更是成为中队的标兵。我问他，12 年的青春交给这片森林是否值得？布约小兵这样回答：

“对这片森林很有感情，我觉得是值得的，（保护它）就像保护自己的眼睛一样的。每次上火场打火的时候，火是那么的大，我们人在大自然面前是很渺小的，保护这片森林是很自豪的。前几天，中队领导来找我说，是不是还继续干下去？对于这个问题我就是很坚决的态度（回答说），如果可以，我还要继续干下去！”

“山里的时光就这样，一日又一日，一年又一年，看惯了我的林海，爱上我的奇乾。”林海腹地，松涛阵阵，“外面的人不想来，里面的人不想走”。在枯燥的环境中，中队指战员最先懂得的是责任。在寂寞的岁月中，他们最先理解的是使命。一次次生与死的考验，锻造出坚定的信念，磨炼出钢铁般的意志。他们的热血青春在林海孤岛中尽情绽放，他们用生命护佑着大兴安岭的安宁。

（中央广播电视总台中国之声《新闻和报纸摘要》，2019 年 7 月 9 日，李恩默）

“林海孤岛”中半个多世纪的守望

5 月的大兴安岭，草木枯黄，寒风瑟瑟。虽已立夏，但北国之春仍然姗姗来迟，林中一些低洼背阴的地方依然覆盖着皑皑白雪。从莫尔道嘎镇到内蒙古森林消防总队大兴安岭支队莫尔道嘎大队七中队的公路已变成了水泥路，但一路上的荒无人烟、公路两旁密密麻麻的白桦树似乎从未改变。

七中队组建于 1963 年，又称奇乾中队。作为保卫北部原始林区的桥头堡，奇乾中队处于森林灭火的战略前沿。发生森林火灾时，奇乾中队总是第一个出动、第一个达到火场、第一时间投入战斗、最后一个撤离，永远是原始林区的开路先锋。

建队以来，中队先后扑救森林火灾 380 余起，立下无数汗马功劳。2012 年，中队被内蒙古自治区政府授予“北疆森林卫士”荣誉称号，林区人民亲切地将他们誉为原始林区的“守护神”。

很少有像奇乾中队这样的队伍：不仅集偏远、寂寞、寒冷等不利因素于一身，还要时刻准备着与火魔战斗。可奇乾中队偏偏在“林海孤岛”扎下了根，自此开启了半个多世纪的坚守历程，默默守护着 95 万公顷原始森林，用青春和热血书写了护卫北疆绿色生态的辉煌篇章。

寂寞是突破极限的动力

队员们每次跑步经过一座大桥时，所有人都向着对面的大山一遍一遍地呐喊，再听着一遍又一遍的回声。

汽车颠簸在蜿蜒的林区公路上，奇乾中队也在记者脑海中盘旋：中队所驻守的大兴安岭北部原始林区腹地，不通电、不通邮、手机常没有信号，被称为“林海孤岛”。队员们是怎样在这里生活、训练的呢？

“到了！”一声兴奋的惊呼，将记者从对奇乾中队的遐想中抽离出来。只见不远处一块木牌上写着“奇乾中队”，旁边的一块石头上镌刻着“坚守”二字。营房背后的山上，远远可见被翠绿的樟子松包围着的空地上，有“忠诚”两个大字，这是队员们用白桦树枝拼成的。

“穿过了茫茫大草原，走进了巍巍大兴安。林海深处安了家，家名叫奇乾。”伴随着《家在奇乾》的歌声，中队指导员王永刚带领记者走进了奇乾中队。

蓝天白云下，一排排太阳能电池板闪闪发光。“木刻楞”（木头搭建的小屋）、“板夹泥”早已成为历史，取而代之的是红瓦白墙的营房和木质仿俄式建筑的菜窖。

营房后面，樟子松挺拔昂扬，阿巴河水碧波荡漾。队员们自己搭建的“绿色长廊”“桦木地图”“白桦书卷”及一条记录着中队光辉战斗历程的“绿屏战道”，在绿树掩映下“诉说”着中队半个多世纪的沧桑。

奇乾中队驻地三面环山，一面临水，一年四季人迹罕至，距离最近的城镇也有 150 多公里，每年近 5 个月大雪封山。正如王永刚所说：“中队的条件已经不算艰苦，面临最大的困难是整个冬天见不到一个陌生人。”

中队二级消防士布约小兵还记得以前队员们每次跑步经过一座大桥时，所有人都向着对面的大山一遍一遍地呐喊，再听着一遍又一遍的回声。一旦遇到晚上停电，寂寞就会像黑夜一样吞噬一切。由于中队不通电，发电机又不能 24 小时持续不停工作，太阳能板如果遇上连续的阴雨天，便无法储存足够的电量，因此，停电是常有的事。一旦停电，大家只能打着手电学习。

停电还让中队失去了信号，队员们无法与外界和家人联系。这里成了真正与世隔绝的“孤岛”。中国电信呼伦贝尔分公司总经理柴瑞峰告诉记者，即便到现在，这里的信号也不太好，如果电供应不上，啥信号都没有。柴瑞峰至今都记得中队通手机信号那一刻，战士们给家里打电话时激动落泪的表情。“我们后来在‘忠诚’二字旁边建了一个微基站，但有没有信号得看天，手机要挂在树上打，才能收到信号。”柴瑞峰说。

2009 年 7 月，刚从警校毕业的排长佟发达到中队的第五天就发现了一大喜讯——手机有信号了！这结束了队员们以“月刊”的形式寄情书的日子。从此，排长的手机就成了队员们与恋人牵线的“红娘”。大家也总结出了打电话的必备条件：天气晴朗，位置固定，打开免提，大声喊话。队员们抱着大树，扯着脖子喊“我爱你，我想你”，有时信号不稳定，对方听不清楚，别的队员也帮着喊几声。

由于信号不好，很多队员与家人打电话时只能问声好，报个平安。2017 年，中队有了 4G 信号，二级消防士王震与家人打通了视频电话。当时，全家人都出现在了屏幕上，画面却突然卡住了，即使这

样，王震面对着"全家福"，依旧激动不已。

"这里地处偏远，虽然有网，但毕竟不是与外面的世界真实接触，所以我们致力于营造一种家的氛围。"中队长王德朋说，中队给队员们过集体生日，关心队员的疾苦，组织队员们参加画画、根雕等兴趣小组。既消除寂寞，也磨炼意志。"我习惯了中队的一草一木，队员们待在一起就像一家人一样。"布约小兵说。

在奇乾中队，"三班倒"的蚊虫不可怕，无法与外界沟通不可怕，可怕的是人内心深处的孤独和惰性。但中队地处偏远心不远，寂寞让队员们走向理智。

无论在漆黑的夜晚还是寒冷的冬日，点名一个不落，起床一分不差，训练质量丝毫不减。队员们还以苦为乐，比如水泵坏了，大家就去河边打冰，在寻找活水的过程中体验乐趣，在解决困难的过程中逐渐成长。

"利用寂寞的时光提升自己，安静的环境反而更利于学习。中队在平时的工作中历来注重文化育人，队员们都想要通过知识来改变命运，将来做一个对社会有用的人。"王永刚说，奇乾中队很多退役人员进入社会之后，仍会选择读书深造，有的成了企业家，有的考上了公务员。在队员们看来，寂寞真是让人跨越极限的强劲动力。

手抬肩挑造良田建操场

用 4 年多时间对 2 米多厚的冻土层进行土壤改良，凭着手抬肩挑，磨秃 60 多把铁锹，造出了 10 亩良田、3 座温室大棚和 1 个暖气调温菜窖。

奇乾中队一直流传着这么一句话："穷地方，苦地方，建功立业好地方。”对中队所有人来说，守望就是财富，艰苦也是优势。山水之间，寒风之中，面对苦寂的环境，中队一边守护着北疆林海，一边也学会了自强不息和宁静致远。

每名在中队工作过的队员都是过日子的一把好手，路边捡到的一段废铁丝、一颗螺丝钉都是队员们眼中的“至宝”。

司务长蹇江游说：“中队有各种修理人员，因为离城镇比较远，不能等别人来修，花钱也请不来，只能靠自己。”因为只能依靠自己，反而产生了一种特别的凝聚力。“中队的每一个人都在积极努力地让别人生活得更好。”王德朋说。

2003 年以前，中队吃的是“补给饭”，喝的是“山泉水”，夏天萝卜土豆，冬天咸菜干粮。面对这一情况，中队党支部不把偏远艰苦作为中队发展进步的阻碍，不等不靠，主动作为，带领大家在艰苦条件下创业。

全体指战员用 4 年多时间对 2 米多厚的冻土层进行土壤改良，凭着手抬肩挑，磨秃 60 多把铁锹，造出了 10 亩良田、3 座温室大棚和 1 个暖气调温菜窖，创造了在全年无霜期不足 70 天的恶劣环境中实现伙食供应自给自足的奇迹。

“菜窖丰富了我们的菜篮子，如果原始林区在夏季着火，菜窖可以作为前方的中转站，储藏 200 余人的给养。”王永刚说。

训练是森林消防队伍最基础、最重要的工作。在奇乾中队，训练实在不易。森林腹地没有场地，队员们就在永冻层上打出了水泥地面，平整出了队列训练场，在灌木、杂草丛生的山脚下开设出了 400 平方米的障碍场、训练场、停机坪。

守护 95 万公顷原始森林

“即使有心情低落或是情绪不高的时候，我们去后山的战道上唱几首歌也就好了。”

2018 年，改革转制为国家综合性消防救援队伍后，面对新任务、新要求，中队的训练内容出现了变化，多了专业性训练和岗位训练，日常巡护中也增加了山岳救援演练。现在队员们要处理人民群众遇到的各种突发事件，去年，中队已经投入到民房火灾的扑救中。

“转制改革后，面对综合性应急救援任务，我突然有种恐慌感。只有加紧补课赶队，才能适应岗位需要，才对得起自己班长的职责。”中队四级消防士陈振林说，“有时候我们会组织一些救援模拟演练，从实战化的训练中巩固学到的新技能。”

作为保卫北部原始林区的桥头堡，奇乾中队处于森林灭火的战略前沿。发生森林火灾时，奇乾中队总是第一个出动、第一个达到火场、第一时间投入灭火战斗、最后撤离。建队以来，中队先后参加扑救森林火灾 380 余次，立下无数汗马功劳，2012 年被内蒙古自治区政府授予“北疆森林卫士”的荣誉称号。

正如大兴安岭支队政治委员康建有认为的，中队虽然条件艰苦，但指战员苦干不苦熬，苦中有作为，为保护国家生态安全作出了重大贡献。

中队的人都说，奇乾的魅力在于外面的人不愿意来，里面的人不愿意走。“来中队快 4 年了，初入大山的新鲜感过去后，确实有过那么一段难熬的孤独，感觉被文明社会抛弃了。但时间长了，适应了灭火和准备灭火的工作节奏，靠着不断提升自我、超越自我，冲淡了寂寞感，更何况有身边一起摸爬滚打、生死与共的兄弟队友，渐渐也不觉得有什么寂寞和孤独了。”中队四级消防士青伟说。“即使有心情低落或是情绪不高的时候，我们去后山的战道上唱几首歌也就好了。”中队预备消防士赵恩豹说。

见证了奇乾中队的发展历程，被队员们亲切地称为“老班长”的王海告诉记者，在奇乾中队，只要管好自己，做好本职工作，就能体现人生价值。

奇乾中队有一股神奇的力量，总能把接触过的人牢牢“吸”住。负责给中队送菜的当地居民王锡才，被队员们亲切地称为“王哥”。13 年来，王锡才跑坏了 4 辆车，他却说只要中队不换人，他就一直送。柴瑞峰则一直帮助中队解决通信信号问题，“谁都想家啊，队员们坚守在这里，别的我也帮不上忙，只能为他们做这点事了”。

中队守护的原始林海属于雷击火重灾区。每次这片林海遇到火险，队员们都像猛虎一样与火魔肉搏，与死神较量。有一次，队员们在三天四夜没有给养的情况下，始终在火场坚守……奇乾乡的百姓看在眼里，疼在心里，都说有奇乾中队在，他们放心。

巍巍兴安岭，热血“火焰蓝”。半个多世纪的守望，让大家深谙坚守和奉献的意义，一代代奇乾人传承着忠诚、坚守、创业、乐观的精神，这片林海也早已融入了他们的青春血脉。就像王永刚所说：“如果大家都不愿意来，那么谁来保护祖国北疆的生态安全呢？总得有人来守护，就让我们来吧！”

（《中国应急管理报》，2019 年 5 月 17 日，罗地生）

不忘初心　用忠诚淬炼“火焰蓝”

在内蒙古大兴安岭原始林区的腹地，长年驻扎着一支历史悠久却又年轻的森林消防队伍——内蒙古大兴安岭森林消防支队奇乾中队。说它历史悠久，是因为这支队伍从 20 世纪 60 年代开始，就是我们国家森林灭火的“排头兵”；说它年轻，是因为现在中队成员的平均年龄还不到 24 岁。从火场到营区，奇乾队员在两点一线的烈火与孤独中书写着自己的青春答卷。

内蒙古大兴安岭森林消防支队奇乾中队指导员王永刚：这是代表着忠诚的一束花，对我们来说是代表着对事业的忠诚。大家正在准备迎接的是战友王震的爱人。

奇乾中队绝大多数的小伙子们都还没有结婚甚至谈恋爱，营区一年到头也很少能见到外人，被安排献花的感觉还真是有些不习惯。王震来自安徽，妻子李楠楠和他是同乡，大兴安岭刚刚才暖和了一些，已经怀孕 5 个月的李楠楠就坐飞机、坐火车、再坐汽车，奔波了好几千公里来探望丈夫。

王震的妻子李楠楠：后期不一定有时间来看他工作的地方了，以后孩子生下来还小，就不一定有时间带过来了，因为太远了。

内蒙古大兴安岭森林消防支队奇乾中队王震：我想让她来，也不想让她来，想让她来呢就是能见一面，或者陪陪我，我陪陪她；不想让她来，就是因为毕竟 3000 多公里，自己来这一路上我挺不放心的。

王震已经来奇乾9年了，两年前刚刚结婚，这次妻子来探亲，是他俩婚后的第二次见面。异地相恋不知道期限，这是王震唯一不能给妻子的承诺。队里有家属大老远地来探亲不容易，炊事班要好好准备几道菜，帮厨的布约小兵是大凉山里走出来的彝族消防员，也是目前在奇乾中队驻守时间最长的一名老队员，本想走出大山看看山外繁华的世界，当年报名参军的布约小兵没想到，前脚才跨出大凉山，后脚又扎进了大兴安岭。

内蒙古大兴安岭森林消防支队奇乾中队布约小兵：比大凉山还大凉山，而且这边还有冰天雪地的，比我们那边还要艰苦。大兴安岭的冬季长达9个月，最低气温零下58摄氏度，每年至少有5个月大雪封山，营区距离最近的一个乡镇还有150公里的山路。布约小兵才来这里的时候全是土路，不通水、不通电、不通邮，除了寒冷、孤寂和艰苦，奇乾剩下的就只有这群年轻的消防员了。

王永刚：这片管护区的面积实在是太大了，如果我们处在一个地方，当发现火情的时候我们再出动，可能这个时间上就不允许了。当我们到达火场的时候，它的面积可能已经扩大很多了。外面的人不想来，里面的人不想走，因为奇乾队员比谁都明白，他们守护的这片大森林对国家来说实在是太珍贵了。大兴安岭不仅是国家的战略储备林，还守护着松嫩平原的“大粮仓”，所以奇乾必须要守得住。去年，森林消防部队整体改革转隶，脱下了军装的布约小兵依然选择留在奇乾，今年已经是他守护大兴安岭的第12个年头了。

布约小兵：每次我们参加灭火的时候，自己在大自然面前感觉很渺小，但是我们一起不怕困苦或者协同作战，把这个任务完成好，我觉得也很有收获感、成就感。

记者：12年时间你就全部都交给了这一片森林，感觉值吗？

布约小兵：我觉得挺值得的，因为我热爱这个职业，热爱奇乾中队这个家，也热爱这帮兄弟。总有一天会离开的，如果身体不允许，或者我很难完成这个任务的时候，那时我就会离开这个地方。山里人的坚守，也感动着山外的人。

老王自称是奇乾中队的“编外”队员，家在距离奇乾中队150公里之外的莫尔道嘎镇。13年前，因为奇乾中队的一次意外相助，老王感激在心，从此就主动承担起了小伙子们与外界联系的“重任”。

内蒙古大兴安岭森林消防支队奇乾中队中队长王德朋：反正我们挺信任他的，但是这是一项制度嘛，我们也必须得坚持。我们队员的银行卡都放在王哥那儿，可以说对他特别信任。像现在山上也用不到太多的纸币，很多都通过微信和支付宝了，像以前没有这些软件、手机的时候，最多的时候搁王哥那儿有30张卡。除了帮队员们取快递、买零食、买生活用品，现在每个月老王基本要保证3次进山给队员们送蔬菜。每次老王一来，整个营区都热闹了。

呼伦贝尔市莫尔道嘎镇居民王锡才：大雪封山的时候，有时候送菜都送不过来，孩子们都吃不到新鲜蔬菜，我就感觉他们在这儿条件也太苦了。反正我还得感谢他们，因为他们为了我们林区人守护这片森林，作为林区人也做不了太大的贡献，我自己能做多少就做多少吧。这个1995年建起来的菜窖为奇乾队员们贮存着基本的生活保障，自从投入使用以后，也彻底结束了以往大雪封山，队员们长达7个月吃不到新鲜蔬菜的日子。王德朋：这是我们腌的豇豆角，这是豇豆，这是白萝卜，这是四川口味的白萝卜，像泡菜一样的。这些小咸菜也是我们日常饮食当中的小配菜，因为现在我们9天一送菜，基本上在大雪不封山的情况下，我们的绿色蔬菜是能够保证的。一旦到了冬天我们会提前做准备，我们储存的菜量会比平时多一点，这样即使大雪封山，9 天周期我们没有送上菜，我们再往后延个一两天也是没问题的，一般不会出现断粮、断菜、断肉情况。

300 多公里、一次往返六七个小时，在这条奇乾通往外界唯一的道路上，“编外”队员老王也在坚守，为了这群年轻的森林消防队员，为了奇乾中队半个多世纪义无反顾地守护，也为了大兴安岭这片永远不要褪色的大森林。

王永刚：保护绿色生态资源不是一朝一夕的事情，习主席也多次在各种场合强调了这种生态保护的重要性，说到“我们既要有只争朝夕的精神，更要有持之以恒的坚守”。中队从 1963 年建队至今，每一场灭火作战的任务都完成的非常好。当历史的接力棒交到我们手里的时候，尤其是这片绿色资源的保护在我们这一代的手里要把它坚持好，保护好祖国北疆生态安全屏障，把这一棒完完整整地交接下去。

（CCTV－13，2019 年 6 月 9 日，熊传刚、徐平、曹文钰）

森林卫士用青春守护祖国绿色长城

95 万公顷的原始森林、56 年从未间断的接力守护、380 多次的森林扑火任务，在祖国版图最北方大兴安岭原始林区的腹地，长年驻扎着一支年轻的森林消防队伍。从 20 世纪 60 年代组建至今，内蒙古大兴安岭森林消防支队奇乾中队，已经在荒无人烟的林海孤岛中默默坚守了半个多世纪。

这里是中国保存最完好、唯一集中连片，也是面积最大的未开发原始林区。方圆百里人迹罕见，年平均气温零下 3 摄氏度，无霜期只有 70 天。熬过了长达 9 个月的漫长冬季，直到五月下旬，驻扎在密林深处的奇乾中队才刚刚等来了春天。林中还有积雪没有融化，但大兴安岭一年中最危险的时期已经到来。

队长王德朋带领大家区分定位点、熟悉环境，做到对地形地貌心中有数，进入重点防火时期，现在奇乾中队每周都要多次全副武装进山巡护，全天 24 小时战备。为了应对随时可能发生的火患，每年从 5 月下旬开始，除了常驻的奇乾中队，大兴安岭森林消防支队还要再派出力量临时驻防。

内蒙古大兴安岭森林消防支队政委康建有：这个位置距离奇乾中队大约还有 70 公里的路程，进一步靠近原始林区腹地，把这作为一个基本点，就是从这起算是零公里，算是北部原始林区的一个核心点。前出到零公里，以便于快速机动，快速到位，一旦发生多个火点以后可以从容应对，就是宁可调而不用，不可用而无兵。

五月的大兴安岭的干旱风大，已经存在上百年的茂密植被很容易引起突发性强、破坏性大的自然火灾，尤其是北部林区一进入夏季雷击火常常会此起彼伏。

内蒙古大兴安岭森林消防支队一大队大队长尚国义：起火的位置都是基本上在那个高山或者密林深处，你车能到这个位置，只能说离起火点最近的公路。

记者：比如说我们现在看到这个远处。

内蒙古大兴安岭森林消防支队一大队大队长尚国义：这个山。

记者：最快的速度什么时候能过去啊？

内蒙古大兴安岭森林消防支队一大队大队长尚国义：正常打火的话，我们携带的个人给养背装机具，平均每一个人负重最少得六十斤，如果爬这座山的话，最少得四十分钟，你只能徒步走进去。

大兴安岭森林消防支队担负着1067万公顷森林的防护和400多公里中俄边境火的堵截任务，整个战区跨越6个纬度带，南北相距627公里，东西相距368公里。特殊时期，大家都要严阵以待。

内蒙古大兴安岭北部原始林区是国家的战略储备林，它就好像是屹立在祖国北疆的一道“绿色长城”，抵御着来自西伯利亚的寒流和蒙古高原的沙尘，还守护着我国的“大粮仓”——松嫩平原的粮食生产安全。

常年驻守的奇乾中队要担负的防火灭火任务区覆盖了北部原始森林95万公顷的未开发地带，人均防火面积达到1.6万公顷。从建队的那一刻起，大兴安岭哪里有险情，哪里就有奇乾队员。

内蒙古大兴安岭森林消防支队奇乾中队指导员王永刚：灭火作战次数是非常多的，像去年和前年可能小的火点，经过卫星发现可能就

有100多个，所以说这个地方像夏季的时候其实就是一个“火窝子”。

和“火窝子”相伴，一代又一代的奇乾队员为保护森林而战。1987年5月6日，大兴安岭地区发生新中国成立以来最严重的一次特大火灾，当时奇乾中队在火线上转战20多次，扑灭火线长度400多公里，创造了连续作战77天的历史纪录。

2002年7月28日的特大森林火灾，奇乾中队又打响了上千名扑火队员火场大会战的“第一枪”。他们一边奋力扑火，一边用肩扛、手推、脚蹬的方式，开挖出一条宽近1米、长70公里的防火隔离带，成功拦截了山火的肆虐。奇乾中队成立56年来，先后参加扑救的森林火灾达到了380多次。

内蒙古大兴安岭森林消防支队政委康建有：最初组建的时候，一人一马一杆枪，当时最早就是骑马或者是乘坐马爬犁，后来发展到就是四轮车，到现在我们是空中有直升机，地面有运兵车，装甲车，水路我们还有摩托艇，就是立体结合开进总体的方式。

现代化装备还在持续更新，但奇乾敢打硬仗的传统始终都没有改变。2017年4月30日，边境大火侵袭大兴安岭伊木河林场，奇乾中队第一个投入灭火作战，最后一个撤出火场，扑火7天8夜，为防止死灰复燃，在已经断了给养两天的情况下仍然坚守到火险彻底解除。年复一年地穿越在火线上，这群平均年龄还不到24岁的年轻力量正在迅速地成长。而面对每一次凶险的任务，他们都选择轻描淡写。

内蒙古大兴安岭森林消防支队奇乾中队指导员王永刚：执行任务都出去了，你告诉父母，父母跟着担心，父母也挺难受的，晚上也睡不好，所以索性也不说，反正安安全全地回来就行。

队员：反正一个星期打一个电话，父母想知道你怎么样，（告诉他们）在这里待着挺好就行。

内蒙古大兴安岭森林消防支队奇乾中队指导员王永刚：中队这么多年持之以恒地坚守，就是为了保护祖国北疆生态安全，保护好这道绿色屏障，用自己的青春去捍卫林海安全，不辜负前辈们对我们的期望，更不辜负祖国和人民给予我们的厚望，我觉得我很为我们这些队员们感到骄傲。

艰苦奉献，兑现忠诚誓言。从一人一马一杆枪，再到2018年正式成为应急救援的主力军和国家队，为了保护祖国北方的生态屏障，半个多世纪以来，一代又一代的奇乾人把艰苦奉献作为青春的底色，用默默坚守兑现忠诚的誓言。

比起无数次火海中的冲锋陷阵，在荒无人烟的林海深处他们还要面对更加艰难的挑战。

（CCTV－13，2019年6月8日，熊传刚、徐平、曹文钰）

森林里的扑火人

演播室一 大家好，欢迎收看《经济半小时》。继续关注壮丽七十年系列报道。森林消防，既陌生又熟悉，陌生是因为它不像城市消防，时时刻刻就在我们身边，看得见，听得着。熟悉是因为前不久四川木里县发生森林火灾，多名消防指战员在灭火过程中不幸牺牲，引发了公众对森林防火的关注。那么，森林防火工作是怎样运行的？那里的消防指战员工作和生活又是什么样子的呢？让我们跟随记者，一起去看看。

画面＋声音 急促的哨声＋航拍原始森林

【同期】内蒙古大兴安岭森林消防支队莫尔道嘎大队奇乾中队中队长王德鹏：紧急集合！

【解说】一望无际的原始森林，这里是北纬 53 度，大兴安岭腹地的森林防护第一线。闻名全国的奇乾中队从 20 世纪 60 年代开始，就驻扎在这里，至今已经有 56 个春秋。

【同期】内蒙古大兴安岭森林消防支队莫尔道嘎大队奇乾中队中队长王德鹏：接上级命令，A 区林场东经 121 度 30 分 00 秒，北纬 53 度 29 分 00 秒发生森林火灾，目前过火面积 2 公顷，我命令中队迅速按照灭火作战方案装载登车。

（现场：登车，发动，出发）

【解说】这条夹在林海当中的道路是奇乾中队通往外界的唯一生

命线。战士们已经记不清多少次从这里奔赴火灾第一线。

【解说】奇乾中队负责守护我国从未进行过开发的95万公顷寒温带针叶林资源，中队人均防火面积16000公顷。这片浩瀚的原始森林已经屹立在我国北疆数百年甚至上千年，林区人迹罕至，自然资源丰富，属于国家战略储备林，极其珍贵。

（闪白）

【解说】1987年5月6日，大兴安岭地区发生新中国成立以来最严重的一次特大森林火灾。奇乾中队转战20多次，扑灭火头56个，扑灭火线长度达400多公里，创造了连续作战77天的历史纪录。火场上，扑火队员断了水源，口渴难忍，有的就在湿地上挖个坑，把嘴对上去呼吸几口潮湿的空气解渴，有的拔一撮草根放在嘴里咀嚼解渴。

（闪白）

【解说】2002年“7·28”特大森林火灾扑救中，奇乾中队打响了一千多名扑火队员火场大会战的“第一枪”。他们冒着随时都有可能被站杆、倒木、滚石砸伤的危险，一边奋力扑打大火，一边开挖隔离带。荆棘丛生的原始森林内，工具使用效率低，扑火队员们就用肩扛、手推、脚蹬，指甲抠掉了，裤子撕破了，终于抠出了一条宽0.8米、长达70公里的防火隔离带，阻挡了森林大火肆虐的脚步。

（闪白）

【解说】现任奇乾中队指导员王永刚永远忘不了2017年“4·30”的大火。在那场战斗中，奇乾中队指战员只带了供3天用的水和食物，但在火场上硬是战斗了7天8夜，那次战斗中，奇乾中队的一个战士被林业局的领导亲切地称为“火疯子”。

【同期】内蒙古大兴安岭森林消防支队莫尔道嘎大队奇乾中队指导员王永刚：其实也不止我一个人是“火疯子”，我觉得我们中队40多人都是“火疯子”，见到火必须把它打灭，这样心里才能够踏实。

（转场）

【解说】今天是奇乾中队例行实战演习的日子，从接到上级指令到全部人员、设备装载出发仅仅花费了10分钟时间。演习结束后，奇乾中队五班班长布约小兵拉着新来的两名队员开始授课，在茫茫无边的95万公顷森林中，如何以最快的速度赶赴火场。

【同期】内蒙古大兴安岭森林消防支队莫尔道嘎大队奇乾中队五班班长布约小兵。

O：这里着火，我们怎么过去？

N：如果这块着火了，我们以摩托化方式行进，沿着红色的防火公路向火场开进，如果条件允许可以机降的话，我们可以选择机降，如果条件不可以机降，我们选择有利的地形，选择捷径向火场开进。

【解说】布约小兵是彝族人，家在四川大凉山。12年前，当时只有 18 岁的他，以为自己当了兵终于可以走出故乡那片望不到尽头的大山，但没想到来到了这片更加一望无际的原始林区。

【同期】内蒙古大兴安岭森林消防支队莫尔道嘎大队奇乾中队五班班长布约小兵：没有车，没有电，没有手机信号，路又不好走，都是土路，从镇里到这里一百多公里，2008 年七八个小时才能到这儿。本来以为外面都已经交通发达了，都挺好的，一看比我们家那边还要落后。有这个感觉，我这一辈子是不是离不开这个山了。

【解说】12 年前，奇乾中队的环境很艰苦，指战员们每天只能靠仅有的六块太阳能发电板用电。山里没有安装信号塔，想通过手机和外界联系非常困难，唯一的娱乐就是看书写字。当时的布约小兵最大的梦想，就是能早一点离开这个鬼地方，他日日盼，夜夜盼，却在一次救火中改变了自己的想法。

【同期】内蒙古大兴安岭森林消防支队莫尔道嘎大队奇乾中队五班班长布约小兵：我当时没注意到上面有棵倒树，在清理过程中，转眼间，那棵树倒下来了，副班长他反应快，因为他有这个经验，把前面几个人直接推开了，他背着一个水枪，后来大树的树枝正好砸到他的水枪，把这个水枪打得稀碎。他当时戴着防火帽，幸好他戴了防火帽，最后他受了一些擦伤。

【解说】副班长的挺身而出，让战友们死里逃生。布约小兵把这件事铭记在了心里。12 年的时间，副班长转业了，一批批的战友也转业或者调离了，他却留了下来，为了战友，为了这片森林。

【同期】内蒙古大兴安岭森林消防支队莫尔道嘎大队奇乾中队五班班长布约小兵：现在在原始森林里待的时间长了，对树木有感情，每片林子我都走过，我们的任务就是森林消防，打火灭火保护森林，我们要保护好它，就像自己的孩子或者什么一样，保护好它不让它再受伤害。

（转场）航拍大景

【同期】内蒙古大兴安岭森林消防支队莫尔道嘎大队奇乾中队指导员王永刚：稍息，同志们，根据目前驻地的气温情况，今天我们安排一次进山巡护，再巡护过程当中我们要及时发现烟点及火点，在巡视过程当中我们要充分发扬团结、互助的精神，圆满完成此次进山巡护任务。以上要求同志们有没有信心？全部：有。

【解说】每周一次的进山巡护，奇乾中队已经进行了 50 多年，布约小兵经验最丰富，是当仁不让的排头兵。

进山巡护看起来轻巧，实则是一项高强度的体能训练，奇乾中队的战士们需要携带 20 公斤的灭火设备，在原始森林中步行五公里，翻越两座山头，往返一次最快也要四个小时。

这个季节巡护，战士们最怕一种虫子。

【同期】内蒙古大兴安岭森林消防支队莫尔道嘎大队奇乾中队指导员王永刚：这个在林区比较多，这个俗称“草爬子”，它的学名叫蜱虫，主要是往人的身体里钻，往肉体钻，进到肉里面不能直接往外拔，拔的话会留在肉里面，这个钳子包括头部都是有毒的，会对人造成很大的影响。

【解说】蜱虫感染可引发出血热、森林脑炎等疾病，严重的会致人死亡。战士们每次救火或者巡护回来，衣服和身上都会有至少十几只蜱虫。王永刚开玩笑说，没有被蜱虫咬过的人不会说自己曾经在奇乾中队工作过。

【解说】春季的大兴安岭北部，极易发生雷暴，引起森林火灾。因此每一次巡护都要做好扑火的准备，需要万分认真。随着设备的不断改进升级，奇乾中队每名指战员外出时都载荷满满，水壶、头盔、眼罩、面罩，一个都不能少。

【同期】内蒙古大兴安岭森林消防支队莫尔道嘎大队奇乾中队指导员王永刚：这个眼镜，主要是在扑火的过程当中防止浓烟和一些树枝、小东西对眼睛的侵袭。这个是防烟面罩，也是阻止扑火的过程当中高温对脸、皮肤的炙烤。头盔呢主要是应付这个倒木，路上有一些正在燃烧的树，尤其是死树、枯树，过人的时候可能会倒，头盔可以保护我们队员的头部，防止被倒木砸伤。

【解说】而在几十年前，像这样的防护工具不要说佩戴，连见都没有见过。

（转场）

【解说】这位老人叫王海，原奇乾中队副指导员，王海是 1970 年入伍后被分配到奇乾中队的，说起过去在消防部队工作和奇乾扑火的经历，王海老人拿出了一本已经发黄的相册，和老伴开始一张张寻找起当年留下的影子。

【同期】原内蒙古大兴安岭森林消防支队莫尔道嘎大队奇乾中队副指导员王海：这个时间太久了，都整坏了。这几张是在奇乾照的，在奇乾中队照的，这几张。这个小狗仁义，我们巡护的时候它就跟着。

【解说】看着这些老照片，王海打开了话匣子。

【同期】原内蒙古大兴安岭森林消防支队莫尔道嘎大队奇乾中队副指导员王海：一匹马一杆枪，有的时候有向导，上一个很陌生的地方，不是咱们经常去的地方，就得找向导。不像现在有卫星坐标，什么都有，说在哪，咱们手机都知道，就可以把你飞机空投到那去。过去这个事不敢想，没有过，都是靠骑马或步行。

【解说】除了交通工具，王海当年用的灭火和防护的工具也比现在落后了许多。

【同期】原内蒙古大兴安岭森林消防支队莫尔道嘎大队奇乾中队副指导员王海：一人一件大衣，一件雨衣，就这两样，最简单的2号工具，当时都没有，自己上山了以后捆一把树枝，要不就是拿锹！拿锹和斧子打那防火线。

（转场）

【解说】半个世纪过去了，风华正茂的小伙子已经变成白发苍苍的老人，奇乾中队也从一支年轻的中队变为一个已经有56年历史传承的老中队。

【解说】环境在变，设备在变，人也在变，不变的是，奇乾中队对这份森林消防工作的世代传承。

【同期】内蒙古大兴安岭森林消防支队莫尔道嘎大队奇乾中队一班战士胡首：奇乾中队这块牌子要一直延续下去，每一代消防人、奇乾人都不容易，一定要坚持下去。要有这个信心，因为不是我一个人在战斗，我感觉我还有很多战友，我不怕。

【解说】爬山、涉水三个小时后，王永刚和布约小兵带领着中队指战员们到达了今天巡护的终点，苍狼山顶。“忠诚”大字立在苍狼山的700米高处，这是指战员们一点点拼接完成的。从这里可以清晰地看到莽莽林海和山下的营房。忠诚，不仅是他们对彼此的承诺，也是对95万公顷原始森林，对国家的庄严承诺。

画面＋音乐　奇乾中队战士精彩画面

【同期】全体战士：林海深处安了家，家名叫奇乾，一日又一日，一年又一年，看惯了我的林海，爱上我的奇乾。

演播室二　在记者与奇乾中队指战员们相处的这段时间，他们大多数时间都很腼腆，觉得自己做的只是最普通的一份工作，没什么可说的。当他们终于敞开心扉时，记者感受最深的是他们与森林之间无法用语言表达的感情。指战员们在这片“林海孤岛”中工作时间最长的已经有十二年，除了每年一个月的休假，他们与亲人平时很难取得联系。他们在森林里坚守的同时，他们的家人也同时在另一头坚守。

【解说】这名急匆匆赶回家的人叫吴迪，是大兴安岭森林消防支队的副支队长，刚刚从黑山头火场下来的他，衣服都没来得及换就第一时间赶回了家。

【同期】内蒙古大兴安岭森林消防支队副支队长吴迪：身体还行啊？腿怎么样？没事，贴膏药呢。

主要这几天风太大了，风大了以后，俄罗斯火过境，在满洲里一直到黑山头，都连上了。战士们都累了，这正常，干这活嘛。

【解说】吴迪从事森林消防工作已经 23 年，他最难忘记的还是在奇乾中队工作的日子。

【同期】内蒙古大兴安岭森林消防支队副支队长吴迪：在我心目当中分量最重的，就是当时（2006 年）伊木河连队这个扑火作战。因为它一个是保护的营区，保护的物资比较重要，而且当时的地点在中俄边境，如果说处置不当，一旦造成营区和它的一些油库，一些重要地点损失的话，在国内外都会产生一些反响。

【解说】伊木河保卫战发生在 2006 年 6 月 5 日，吴迪翻着老照片，又回忆起了当时的场景。

【同期】内蒙古大兴安岭森林消防支队副支队长吴迪：我们在头一天接到火情通报的时候，我们中队集结 40 人，向伊木河连队开进，到了现场以后，当时的国境火已经越过咱们额尔古纳界河了，向伊木河连队发展了。

【解说】当时的战斗场景，吴迪一辈子都忘不掉。当时火线已经形成树冠火，火焰高度达到二十几米，想要尽快扑灭，根本不可能，火势离前沿哨所和油库不到一公里距离。当时总参谋部也下令告诉吴迪和奇乾中队的战士们，如果火势继续向前蔓延，得不到有效的扑救的话，那么连队所有的战士干部，都需要携带重要装备物资，到额尔古纳河的河边去避险，舍弃营区和油库。

【同期】内蒙古大兴安岭森林消防支队副支队长吴迪:根据当时地形看,在前沿哨所的前侧有一条简易路,连队向东走有一条简易公路,正好在油库的南侧,正好可以利用这两条简易公路,开设隔离带。

【解说】指战员们不想放弃扑火去避险。极度的劳累和高温使他们晕倒了，浇壶水淋醒了再上；火把鞋底烤化了，塞进一把草穿上再上；风力灭火机油料耗干了，拿起身边的树条再上。鼻子烤出了血，大伙就找来卫生纸塞进鼻孔里继续战斗。经过连续 10 多个小时的奋战，火势在距离油库 300 米的位置停住了，伊木河连队和油库保住了。

【解说】这枚一等功奖章和证书，就是吴迪在伊木河保卫战后，由武警森林指挥部政治部奖励的，也是他最珍贵的宝贝。

【同期】内蒙古大兴安岭森林消防支队副支队长吴迪：也算是我 23 年消防事业当中得到最大的肯定，也将是我这一生最高的荣誉了。

【解说】没有人知道，在吴迪当时冲在救火第一线时，他刚刚怀孕的妻子王国红默默忍受了多少委屈和心酸。

【同期】吴迪爱人王国红：我去不了，他回不来，就那种心情一直就硬挺着。我天天翻那个日历本，天天翻，完了拿那个笔画钩。反正那段时间过得挺难，后期我就是每天数日子吧，数到他休假的时候就回来了。

【解说】2006 年，外面的世界早已经用上了手机，但奇乾中队因为地理环境原因，战士们只能用卫星电话和家人联系，每个人每个月的通话时间只有短短的 5 分钟。

【同期】吴迪爱人王国红：他说我下回给你哪天哪天打电话，或者 20 天或者多少天打电话，他都提前，头一次打电话告诉我，然后我就开始拿日历画那个钩，画到那天的时候，我就把这两天发生的事都得挑重点写到本上，写到本上以后，到他那天给我来电话的时候，我就捡着这些说。

【解说】2016 年，奇乾中队有了自己的信号基站，指战员们终于可以靠手机和外界联系，“林海孤岛”走进了现代化社会。

【解说】柴瑞峰负责运营和维护奇乾的信号基站，每次从最近的莫尔道嘎镇来维护一次都需要在路上往返 6 个小时，作为伴随奇乾中队一起成长的人，他永远忘不了奇乾中队之前没有信号的日子。

【同期】莫尔道嘎镇某通信公司经理柴瑞峰：你像我刚来那年也是 20 岁出头，跟这帮战士的年龄也差不多，刚来的时候，说实话我就不愿意这个地方待着，因为感觉这个地方艰苦。咱平常时候看看手机是吧，那时候聊聊 QQ 什么的，但是在这里什么也干不了，战士只能干啥呢，那时候我记得非常清楚，要不就看书。那时候图书也非常少，天天翻来覆去就总是那几本书在那看着。

【解说】周末是指战员们利用手机和家人联系的日子，还没到时间，大家就已经早早等在办公室。

【同期】内蒙古大兴安岭森林消防支队莫尔道嘎大队奇乾中队指导员王永刚：别着急啊，都会跟家里联系上的，都会通上话的，一个一个拿，你多久没跟家里人联系了……

【解说】胡首是奇乾中队的新兵，每次他拿到手机后都会跟父母视频，说说这里的工作情况，让父母放心。

【同期】内蒙古大兴安岭森林消防支队莫尔道嘎大队奇乾中队五班战士胡首。

记者：刚才跟你爸打电话，你爸怎么说？

胡首：我爸说，他就问我就说咋了，之后想想他了，我说想他了，我说想家人了，我说你要是忙的话，我说今晚上大概几点下班，8点半左右的话，我就8：35给你打个视频。

【解说】新兵胡首在等着晚上和自己父母视频的时候，老兵布约小兵已经迫不及待点开视频开始跟媳妇、儿子视频了。

【同期】内蒙古大兴安岭森林消防支队莫尔道嘎大队奇乾中队五班班长布约小兵。

爱人：你好久都没打电话过来了，你们部队是不是很忙？最近？

小兵：我这个工作有点忙，你们俩最近干吗呢？

爱人：额头上还有个小斑点，怎么了，你额头上面？

小兵：没事，我们前几天训练，不小心又破了皮，没事。

爱人：疼不疼，买点药擦一下。

小兵：没事，皮外伤，训练一不小心就破了，没啥事。

【解说】看着嘘寒问暖的妻子和牙牙学语的孩子，在战斗中铁人一般的布约小兵的眼眶逐渐湿润了。

【同期】内蒙古大兴安岭森林消防支队莫尔道嘎大队奇乾中队五班班长布约小兵：其实对于我们来说，这个陪伴家人是真的满满的亏欠太多，我们职业的特殊性，注定与亲人家人聚少离多是很普遍的，陪伴对我们来说真的是一种奢望。既然你选择了，你就要克服，到时候再弥补他们。

【解说】天色渐渐黑了，又到了交手机的时间，胡首还是没有跟家里人联系上，指导员王永刚特别为他破了例。

【同期】内蒙古大兴安岭森林消防支队莫尔道嘎大队奇乾中队战士胡首:跟父母联系一下吧,把你现在的学习、生活情况向父母汇报一下。

（转场）画面+声音

【解说】夜深了，在军号声后，奇乾中队的战士们结束了一天的训练，明天又有可能奔赴新的战场。

半小时观察 向消防指战员致敬!

森林消防队伍组建于共和国诞生前夕，有着70多年的光辉历史。队伍长年驻扎在林海草原深处，保卫着祖国森林和草原。组建70多年来，管护区域由原来的4个省区扩大到14个省区市，覆盖6个国有重点林区、8个原始林区、18个世界自然文化遗产地和183个国家级野生动植物自然保护区，保护着我国东北和内蒙古大面积国有林区、西南重要集体林区、西北生态环境脆弱区、东南生物多样性核心区，共扑救火灾1.6万余起，年扑救200余起森林草原火灾，挽回不可估量的经济损失。

森林火灾突发性强、破坏性大、危险性高，是全球发生最频繁、处置最困难的自然灾害之一。过去5年，我国共完成造林5.08亿亩，森林面积达到31.2亿亩，成为同期全球森林资源增长最多的国家。森林资源总量的不断增加，给火灾防控带来挑战。“枝繁叶茂一百年，化为灰烬一瞬间。”在祖国大江南北的森林深处，有许许多多像奇乾中队这样的消防指战员，他们总是默默冲在火场第一线，用坚守诠释青春，守护着我们的家园。在新中国成立70周年之际，我们向这些消防指战员致敬。

（CCTV－12，2019年5月17日，宋磊华、张明）

林海孤岛的坚守

黑场淡入：一组森林消防员铺货的现场画面，带同期声带字幕，中间插入同期声。

二班班长范晓彬：火场就是我们的战场。

发电员王震：我下次可能要等孩子出生以后才能回去。

排长张千：森林消防员，对这个职业压根不了解。

演员魏千翔：他们真的是在生死边缘行走的人。

出片名：林海孤岛的坚守

“谨以此片，向森林消防员致敬！”

北纬 53 度，是中国最大连片未开发的大兴安岭北部原始林区，是中国的战略储备林，它屹立在中国北疆，抵御着来自西伯利亚的寒流和蒙古高原的沙尘，守护着中国最大粮仓——松嫩平原的粮食生产安全。

这里年平均气温只有 3 摄氏度，最冷时达到零下 50 多摄氏度，每年有半年时间大雪封山。冬季长达 9 个月，无霜期只有 70 多天，周围百公里人迹罕至。

北京首都机场、呼伦贝尔海拉尔机场，（人名条）演员魏千翔。

魏千翔：在来这儿之前，对这里是一切都未知和好奇，说真的，在平时，大家都在城市里生活，可能是没有想到，在祖国的边疆会有这么一群人的存在。

奇乾中队外景，中俄边境界碑，额尔古纳河航拍。

【解说】担负着 95 万公顷森林防护重任的奇乾森林消防中队，是森林消防队伍最偏远一个中队，距中俄界河——额尔古纳河只有 2.5 公里，距最近乡镇 140 多公里，不通邮，不通长电，手机信号不常有。奇乾森林消防中队孤独的在这片林海腹地默默坚守了半个多世纪。

车队航拍镜头。

【同期声】这块地方可以说是与世隔绝，（离）最近的镇都得 140 公里。

从海拉尔机场历经 7 小时的颠簸，魏千翔一行终于抵达了奇乾森林消防中队驻地。

奇乾外景，转演员入列。

“向右看齐，向前看，稍息，同志们，今天，是一个特殊的日子，迎接一位新队员入营。下面，由新队员进行自我介绍。魏千翔，到，入列，是。大家好，我是魏千翔，来自上海，能加入奇乾森林消防中队这个光荣的集体，我感到非常的骄傲。”

奇乾内景，训练画面，菜棚。

【解说】奇乾森林消防中队地处密林，自然和生活条件差。57 年来，一代又一代奇乾人相互接力，自力更生，一点一滴建设起奇乾这个温暖的家园。没有训练场，队员们肩挑手抬在永冻层上平整出了队列训练场。在灌木、杂草丛生的山沟里开设出了四百米障碍场。

山高路远，尤其是大雪封山，吃菜更是难上加难。队员们自己动手改造了中队唯一一个暖气调温菜窖，又花 4 年时间建起了 10 亩良田，3 个温室大棚。

【同期声】范晓彬：营区里 80% 的东西，除了这些大工程，全是

我们自己动手做的。

队员们集思广益，就地取材，将这个地处密林的单调营地点缀得诗情画意。

出操，带同期声。

【同期声】“报数1、2、3、4、5，向前看！”

【解说】即便是零下 50 摄氏度,集合铃一响,起床也是分毫不能差。

航拍绿屏战道，特写，演员参观。

【解说】阿巴河边的绿屏战道，是退伍队员为纪念建队 18830 天，捡拾 18830 根短木搭建而成。密林中的文化长廊，挂满了一代代退伍队员精心制作的小木牌，字字寸心，寄托着对奇乾这个故乡最深切的爱。其中一块山东临沂老兵留下的“这是一个外面的人不想来，里面的人不愿意走的地方”的寄语,格外醒目,意味深长。队员精心设计的桦木地图、白桦书卷、乾字石、代代相传的文化木雕摆满了陈列室。

消防车上，队员准备巡防的画面。

【解说】常规巡逻，即便在没有火情的时候，也必须安排两天一次。

【演员】这也是我第一次穿上森林消防服，这种职业装啊，穿上之后会有这种职业自豪感。我们走的那个路线，在他们看来根本就还不算是出了任务，我们只是在森林的边缘走，进了森林以后，很多地方是没有路的，大家都得先从开路开始。

巡防，队员和演员边走边说。

【同期声】“像这样的地儿啊，就已经是特别幸福特别好走的了。平时，平时没有这种路；就是，灌木丛是吧，对!”

【演员】开完路之后，你可能到达了火场，然后再进行救火什么的。

【同期声】一般啊，就是这种森林大火啊，它是怎么才会引起啊，一般在咱北部原始林区，人为火灾是比较少的，大部分火灾都是由于夏天那个干雷。雷击火，你到原始林深处的话，你会看到很树都被劈坏了。像有一些爱旅游的啊，爱探险的驴友啊，到什么深山老林里，不能抽根烟啊，这种（行为）就不能来。

【演员】不要去纵火，因为，可能你不经意的一个举动，森林消防员可能会付出生命!

火灾和扑火画面。

【解说】夏季，是大兴安岭小气候——干雷暴的高发期，这里地下矿产丰富，一遇雷暴天气森林极易引发雷击火，火势点燃带着厚厚松油的腐质层，很快就能火烧连营。队员们在一场又一场的火线协同作战中，积淀了刻骨铭心的兄弟情谊。

巡防队员和演员坐下来聊天。

【同期声】中队指导员王永刚：“现在打火是比较危险的，但是，其实从中队出发到火场是最难熬的一段时间，有的时候，对，而且接近火场这段路，下车以后，往火场走，我们需要携带个人的宿营背囊，还要携带工具，包括给养，每人负重平均能够达到80斤左右。”

【同期声】演员：“战友就跟亲兄弟一样，你比如说在火场上，你们，班长，还有队员们相互之间是不是就是互相保护？我今天听就是你们分很多个部队是吧。各负其责，分工不同。”

【同期声】中队指导员王永刚：“现在像我们这些年轻的小伙子，

98 年，99 年的，在他们同龄人还在上学的时候，在城市里面过着一种锦衣玉食生活的时候，他们在这，默默无闻的保护这些原始林资源。像我们这些比较年轻的四川小伙子，安徽的小伙子，个子非常低，他把个人的宿营背囊背上，再把机具背上以后，可能这些东西加起来比他自身的体重还要重。而且，一走走十几二十个小时，甚至是走一天一夜，其实对这些孩子来说，也是一个磨炼，也是一个很大的挑战，但是他们把这个事情熬过来以后，其实对他们（来说）本身也是一种成长。世界上没有这种天生能吃苦的人，只有能扛下来的人。”

【同期声】演员：“大家都是普通人，只是说靠着那股意志撑着，相互坚持，相互撑着。”

演员：他们的年纪都特别小，都是什么 97 年，98 年，99 年，00 年，他们还那么年轻，那么热爱生活，那么的阳光，那么的积极，但是呢，面对着天灾，义无反顾地去执行这个任务，就像他们说的，哪有岁月静好嘛，这都是有人在负重前行。

营区内，太阳能旁。

【解说】2015 年 10 月，太阳能的安装让中队有了长明电。冬季，停电，意味着队员们生存意志面临着零下数十度严寒考验。

【同期声】向演员介绍："虽然说现在太阳能接过来了，但是说它的供应能力还是有限，尤其是在冬天的时候，太阳能在九点的时候，太阳才能照到它，下午两点半，太阳落山就照不着了，现在夏季的话，也就能保证一天的供电。如果阴天下雨的话，可能今天一天都没有电了。"

【同期声】二班班长范晓彬："唉，媳妇儿，干啥呢，你在干啥呢?"

【解说】电信4G信号站的安装，让中队与外界有了联系。

切回巡防现场，指导员给队员递饭。

【同期声】演员："你们只是认识，你怎么谈这个恋爱，利用休假，然后利用手机，哦，天天视频是吗？对呀，然后一年只能见上一

两回，对，哎呀，刚刚新婚，结果只能见一两回。”

“这个值得记忆珍贵的镜头。快点，回味一下，哈哈！夏宇！”

【解说】对于奇乾人来说，他们最大的挑战不是来自极寒气候与频繁的火情，而是恋爱、婚姻的困难。

现在都是独生子女多嘛，然后人家家长第一问的包括那些女孩问得很多的第一个问题就是，你什么时候能回来。对于这个问题，我只能说三个字：不知道。

结了婚的，我一个，我们指导员，士官长，然后王震，没了，就我们四个。前段时间吧她来了一次，哎呀，从我家到这里三千多公里，反正一路上，连坐飞机坐火车坐汽车两天才到，特别辛苦。

【同期声】演员：“也是，来一次都不容易，她们（家属）就更受不了，还有孕妇来探亲的，因为她准备，想的是，这个时候不来一趟，等还有五六个月要生产了，你还要带孩子，然后这边有任务，你可能一两年都回不去，有家庭的男人啊，让你媳妇多来看看你。”

演员采访，班长与妻子视频。

【演员】刚刚结婚，但是又见不到他的妻子，每天就只能靠视频来跟妻子去沟通感情，然后他还和我说，说他特别感谢他的妻子能理解他。理解他的工作，他说，能作为我的妻子，肯定是也能理解我，理解我的工作，要不然，她不可能成为我的妻子。

切回巡防现场：范晓彬开始唱《南方姑娘》。

【歌词】北方的村庄住着一个南方的姑娘，她总是喜欢穿着带花的裙子站在路旁，她的话不多，但笑起来是那么平静悠扬。

范晓彬：我俩真是缘分，因为她（我妻子）是藏族嘛，所以我媳妇跟我结婚前已经做好准备了，她说她一个人行，让我不用担心。

切回巡防现场：范晓彬开始唱《南方姑娘》。

【歌词】她柔弱的眼神里装的是什么，是思念的忧伤。

演员采访，叠现场画面。

【演员】他唱歌也很认真地在唱那种情感，确实还蛮微妙的。然后所有人都在那静静地听他的《南方姑娘》。

切回巡防现场：范晓彬开始唱《南方姑娘》。

【歌词】南方姑娘，你是否习惯北方的秋凉，南方姑娘，你是否喜欢北方人的直爽。

【同期声】演员："彬嫂彬嫂，晓彬在这里有话跟你讲。"

【同期声】范晓彬："我在这一切都好，你也不用太牵挂，多理解吧，休假回去陪你。"

音乐起，指导员在阿巴河边吉他弹奏《成都》。

【同期声】演员：我觉得像他，森林消防员跟森林消防员的家属，其实都非常的了不起。

吉他弹唱《成都》。

【同期声】演员：跟指导员聊天，其实我也特别有感触，她是北京的一个高才生毕业，然后来到了这里，来到了这么一块与世隔绝的地方，他说了一句话让我特别有感触，他说，你不来我不来，那谁来守护这片森林。

吉他弹唱《成都》。

【同期声】演员：在这种环境下确实是挺艰苦的，我觉得有很多地方啊，他们是非常不容易，他们能做到的，我觉得是我们做不到的。

中俄边境，演员和队员一起宣誓，零公里驻防点画面。

【同期声】"我宣誓，我志愿加入国家综合性消防救援队伍，对党忠诚，纪律严明，赴汤蹈火，竭诚为民。"

【解说】扎根中俄边境，奇乾森林消防中队不仅担负着百万公顷原始森林的守护重任，更需要截断国境线上数百公里的过境火侵袭。为了能随时应对频繁突发的多个火点，每年从 5 月下旬开始，大兴安岭森林消防支队还要再派出力量临时驻防，驻防点选择在离奇乾中队 70 公里，进一步靠近原始林腹地的零公里处，以便快速机动，快速到位。

中队院内，演员离开。

【同期声】指导员王永刚："向右看齐，向前看，稍息，同志们，今天，魏千翔同志要回到工作岗位，离开我们这个队伍，虽然千翔同志与大家相处时间很短，但他已经成为我们中队的一员，希望他能够继承和发扬忠诚、坚守、创业、乐观的奇乾精神，这是中队 57 年来的历史积淀和指战员意志品格的高度凝练，下面，欢迎千翔同志为大家讲几句，魏千翔，到！出列，是！"。

【同期声】演员："我是一个很不爱见分别场面的人，因为分别的场面呢总是很难过，今天呢，我就先撤了，好吧……"

队员列队欢送，演员挥手告别，掉眼泪。

【同期声】演员：“只有一天，我就感觉我已经开始慢慢适应这里了。现在我可以理解他们，其实大家都能理解，外面的人不想来，因为谁都知道，这个环境是很艰苦的，等你真的是习惯这儿了，喜欢这了，你可能就会觉得不愿意再走了，而且有的时候我会出现一些错觉就是，我照照镜子就觉得，我也是个森林消防员的那种感觉。”

【解说】大兴安岭原始森林特有的纯净，让人寂寞，却带给人超脱尘世的感受；大兴安岭的宁静，静得让人孤独，却带给人关于生命的思考；这里的寂静，静得让人绝望，却练就了奇乾人非凡的意志。这就是奇乾，一个杳无人烟的地方，一片森林消防官兵用生命守护着的林海。

【同期声】演员：我们能这么健健康康的生活，是幸福的！

1987 年 5 月 6 日大兴安岭特大森林火灾，是新中国成立以来最严重的一次森林火灾，直接经济损失达 5 亿多元。奇乾中队官兵与当地 5.88 多万军警民，经过 28 个昼夜的奋力扑救将大火扑灭。

奇乾中队成立以来，共扑灭火灾 160 余次，培养军师团干部 38 名，培养合格的消防员 4000 余名。

2018 年 9 月 29 日，武警森林部队转为非现役专业队伍并入应急管理部，承担森林灭火等应急救援任务，发挥应急救援国家队作用。

目前，全国有 2 万余名森林消防员，像奇乾中队一样，默默坚守奉献，承担森林灭火等应急救援任务。

森林消防队伍组建以来，295 名森林消防员为国捐躯，年龄最小的仅 18 岁。

他们用生命和热血，铸就了国家综合性消防救援队伍对党和人民的无限忠诚。

黑夜，紧张的场面，消防队员又一次开始扑火任务。

【同期声】“（手）抓住了啊，抓住了，我们来了，我们来了……”

本片制作期间，奇乾中队接到火情警报赶赴火场……

（凤凰公益《行动者》，2019年7月23日，张衍飞、陈维奇）

此身许林　再无春秋

【解说】端午将至，家里新装修的房子即将竣工，内蒙古呼伦贝尔森林消防支队参谋陈上发现，丈夫王永刚再度“失联”。虽然身处同一座城市，但结婚一年来陈上却只见过丈夫两次。王永刚是内蒙古森林消防总队奇乾中队的指导员，半个世纪以来，他们中队始终驻守在内蒙古大兴安岭北部原始林区，负责维护这片我国最大的集中连片原始林区的生态安全。为了能找到“失联”的丈夫，陈上搭车，踏上了千里寻夫之旅。

【字幕】内蒙古呼伦贝尔市海拉尔区

【现场】装修工人

咱们这房子已经装修这么长时间了，从 3 月份开始到现在。你这确实得跟王指导好好商量商量，到底怎么弄能快点。

【现场】内蒙古呼伦贝尔森林消防支队参谋　陈上

他又“失联”了。

【现场】装修工人

师傅这边已经等很长时间了，特别着急，所以还是得要你尽快把这件事情定下来，我们才能更好更快地把咱们家装修好。

【现场】内蒙古呼伦贝尔森林消防支队参谋　陈上

好吧，那我去一趟吧。

【现场】内蒙古呼伦贝尔森林消防支队参谋　陈上

报告！

【现场】内蒙古呼伦贝尔森林消防支队政治部主任　邱万军

进来！

装修房子也是个大事，按照（规定）来说正常时间请假也是严控。咱们这段时间防火任务也比较重，你属于特殊情况特殊对待。去哪儿准备来回几天？

【现场】内蒙古森林消防总队呼伦贝尔支队参谋　陈上

去的路程大概两天，您看一共三天可以吗？

【现场】联通公司售货员

128G 的，（分期）24 个月，一个月 220 元。

【同期】内蒙古呼伦贝尔森林消防支队参谋　陈上

现在我们的房子马上就要竣工了，还有很多问题在竣工前可以调整，还是想征求一下他的意见，房子毕竟是两个人住嘛。

【字幕】陈上家距王永刚所在的内蒙古森林消防总队奇乾中队将近 500 公里，由于要穿越大兴安岭林区，正常情况，陈上要先乘火车再坐汽车，需耗费一天多的时间。幸运的是，这次她搭上了内蒙古大

兴安岭森林消防支队的顺风车。

【同期】内蒙古呼伦贝尔森林消防支队参谋　陈上

如果说要去，就是周六早上走，下午到，睡一宿，第二天早上起床就得往回走。去年六一，也是好长时间不见了，就半年了嘛，看看他，单位领导特意说去吧，都给我假了，走到一半，他跟我说可能有情况，但是我走了一半不能回去，那就去吧。他就从奇乾到莫尔道嘎，我们在一块待了一晚上，第二天一早还没起床，电话就来了，说着火了，让他去火场。

他们那一块是我们全总队甚至指挥部最偏远的一个地方。我们就只有那一个单位没有通电。通水什么都是靠自己打井，通电是靠太阳能。有的时候假如是阴天下雪的话，就好几天都没有信号，联系不上。我们两个就用最传统的方式，写信。

【字幕】越过草原，穿过森林，经过近八小时颠簸，陈上终于在天黑前赶到了奇乾中队。

【现场】内蒙古呼伦贝尔森林消防支队参谋　陈上

我来看看永刚在吗？

【现场】内蒙古森林消防总队奇乾中队中队长　王德朋

不巧，他在山上巡山呢。要不然你到他那个地方去，不远，在北山那个方向七八公里。

【现场】内蒙古呼伦贝尔森林消防支队参谋　陈上

好的，那我去看看他。

【同期】内蒙古呼伦贝尔森林消防支队参谋　陈上

这次能搭着支队的车就是一天之内能到也是挺快的了。

今年你们可能也听说了我们四川木里的事件，之后到现在他们单位虽然没有遇到过火灾，但是一想到他要去火场确实也是很紧张。

【现场】内蒙古森林消防总队奇乾中队指导员　王永刚

你怎么来了？

【现场】内蒙古呼伦贝尔森林消防支队参谋　陈上

我想你了。

【同期】内蒙古森林消防总队奇乾中队指导员　王永刚

虽然同在一个地级市，但是相距500多公里，所以也是比较心疼她。

【现场】内蒙古森林消防总队奇乾中队指战员

走上去看看去。

亲一个，亲一个。

你嫂子回单位该那什么了，该受到嘲笑了。

亲一个，我们在这儿给你列阵呢。

是吧，有这么多兄弟在背后挺着我呢，是吧。

亲一个，亲一个。

我结婚的时候，我结婚的时候就这么亲的我媳妇。

【现场】内蒙古呼伦贝尔森林消防支队参谋　陈上

王指导。

【现场】内蒙古森林消防总队奇乾中队指导员　王永刚

这啥呀？

【现场】内蒙古呼伦贝尔森林消防支队参谋　陈上

你看看吧，给你好吃的。

【现场】内蒙古森林消防总队奇乾中队指导员　王永刚

一说新手机就给我买新的，心里太感动了。心里一丢丢小感动，千里翻山越岭给我送好吃的，还给我买了新手机。没给自己买一个啊？

【现场】内蒙古呼伦贝尔森林消防支队参谋　陈上

买不起，都分期的没看见么？

【同期】内蒙古呼伦贝尔森林消防支队参谋　陈上

我还是希望两个人在一起吧，毕竟觉得还是向往那种起床有早饭，回家见炊烟升起的温暖生活。

【同期】内蒙古呼伦贝尔森林消防支队参谋　陈上

我俩之前也是说想看《流浪地球》，就是因为休假的时候比较紧张，时间也挺紧的，最后也没看上，这次也完成了一个心愿。

【同期】内蒙古森林消防总队奇乾中队指导员　王永刚

吉他是追我爱人的时候学的乐器。感觉又找到了初恋的感觉。

我们把家里装修的事谈了一下，定了一些小的细节，再在营区里面一起转了转。她上次来的时候是 2017 年 4 月 30 日，只待了两个小时，就返回海拉尔了。这次虽然时间短，但是在营区比上次多待了几个小时，所以说她对我的工作生活有了更加细致的了解。

【同期】内蒙古呼伦贝尔森林消防支队参谋　陈上

说是装修，当然其实最终也是还是想找个借口来看看他。

【同期】内蒙古森林消防总队奇乾中队指导员　王永刚

她这次待的时间可能比较短，只能待一天，再加上由于两个人工作性质的原因，现在正处于春防的紧要期，比较容易发生森林火灾，虽然很不舍，千里迢迢过来，翻山越岭的，但是也没有办法，因为工作还是首先排在第一位的。

【字幕】王永刚与陈上的经历只是奇乾中队的一个缩影。王永刚是奇乾中队离家最近的人，每年可与妻子相聚两次，一次不到 20 天。

而奇乾中队的部分指战员，已近10年没有回家过年。

大兴安岭北部原始林区是我国面积最大的一片集中连片的原始森林。这里雷暴天气频繁，半个世纪以来，已发生森林火灾千余起。春秋两季防火紧要期，没有特殊情况，极少有队员请假出山。

（新华社，2019年6月9日，邹俭朴、叶紫嫣、达日罕、王燕）

冰 火 青 春

【解说】内蒙古大兴安岭北部原始林区，是中国面积最大、集中连片的原始林区。这里雷暴天气频繁，半个世纪以来，已发生森林火灾千余起。为守护这片绿色净土，一代代驻扎在林海孤岛的森林守卫者，用忠诚与坚守谱写出一曲曲冰与火之歌。

【同期】内蒙古森林消防总队奇乾中队中队长　王德朋

集合！上级火情通报，奇乾林场发生森林火灾，迅速按照灭火作战方案装载蹬车。

【片名】冰火青春

【同期】内蒙古森林消防总队奇乾中队指导员　王永刚

我们中队处在大兴安岭北部原始林区的腹地，把我们中队放在这个位置，主要是出于森林防火工作，只要这片原始林区着火，我们中队能够第一个出动，迅速到达火场。

从中队 1963 年建队至今，已经经历了大小 380 余起森林火灾的扑救。我们中队的管护区是 95 万公顷，现在有 42 个人，相当于人均守护两万四千个标准足球场那么大的森林。

【解说】奇乾中队是内蒙古森林消防总队防区面积最大、灭火任务最重、参与重特大森林火灾次数最多、打硬仗攻坚战最擅长的队伍，每一次执行任务，指战员们都面临着生与死的考验。

【同期】内蒙古森林消防总队奇乾中队指战员　王震

其实我看到火并不是特别害怕，最害怕的是我听见倒木的声音。因为晚上灭火，我们是看不见的。可能有些树就倒在我们身边，可能就是一刹那。有的树在原始林都生长了几百年，特别粗，倒下来的一瞬间，可能我们就牺牲了。

【同期】内蒙古森林消防总队奇乾中队指战员

小心树枝，后边小心树枝啊。

【同期】内蒙古森林消防总队奇乾中队指战员　王震

火场上基本上是没有交通的，可能在地图上显示的就是3公里或者5公里，但是当我们真正靠近火场走的时候，可能要翻好几座山，我们衣服可能都会是湿的，就这样在身上，干了又湿湿了又干，我们的皮肤泡得都烂了，甚至有的脚都发炎了。就这样一直坚持，坚持到火打灭。

【同期】内蒙古森林消防总队奇乾中队指战员　胡文冲

你在前面打火的时候，可能出身汗，特别到后半夜，那时候你出的汗到后背上都结着冰。就是前面烤得慌，后面冷得慌。

【同期】内蒙古森林消防总队奇乾中队指战员　王震

在这里灭火基本上都会在一个星期，或者是更长的时间。我记得有一次渴到最后实在不行了，我们炊事班做饭的哪些醋、酱油都被我们喝完了。

【同期】内蒙古森林消防总队奇乾中队中队长　王德朋

在一场场灭火作战的过程中，我们才凝聚起了我们整个中队这样具有极高凝聚力和战斗力的精神内核。

【解说】奇乾中队驻扎的地方被称为“林海孤岛”，这里不通长电、不通邮、手机经常没有信号，孤寂是最大的敌人。

【同期】内蒙古森林消防总队奇乾中队指导员　王永刚

这个地区大雪封山长达5个月之久，9月底就开始下雪了。最冷的时候，能达到零下53摄氏度，人一出来，用不了5分钟，马上就被冻透了。这个地区距离最近的城镇140余公里。比如说我们今天要修一个东西，就少一颗螺丝钉，这个螺丝钉如果在城镇里面来说，可能出去5分钟就能买来，但是我们开车出去买的话，往返将近300多公里。

【同期】内蒙古森林消防总队奇乾中队指战员　王震

对每个人来说，最大的挑战就是挑战这里的寂寞和孤独。之前我的班长，9年没有回过家过年。

【同期】内蒙古森林消防总队奇乾中队指战员　胡守

我妈也想来，上次她说等她退休之后，带着我女朋友一起来。其实我心里特不愿意她们来，因为这里真的太艰苦了。

【解说】这几乎是每一名队员都会经历的过程：开始对极度封闭和原始的生活环境充满不适，随后在与队友的相处中逐渐忘记孤独，最后在扑火作战中找寻留在这里的意义。

【同期】内蒙古森林消防总队奇乾中队指战员　简将由

我喜欢这个地方，所以我想留在这个地方继续干下去。

【同期】内蒙古森林消防总队奇乾中队指战员　布约小贝

如果可以，我还会继续干这个，干这个职业，还会在这坚持。

【同期】内蒙古森林消防总队奇乾中队指战员　刘峰

我还想干4年，因为奇乾这个地方留给我太多回忆和故事，还是不想离开它。

【同期】内蒙古森林消防总队奇乾中队指战员　王震

可能我们在这里奉献，在这里坚守，也很少有人知道。比如说我们山里的花，可能有人看也可能没人看，但它都在开，它每一年都在开。

【同期】内蒙古森林消防总队奇乾中队指导员　王永刚

我的这些队员们是非常值得敬佩的，因为他们最小的是 1999 年的，在 2017 年的时候，可能就十八九岁的一个孩子。当同龄人在城市里面享受生活的时候，在大学里面读书受教育的时候，我们这些十八九岁的小伙子在默默地保护这片原始林，在用自己的身体、自己的青春保护这片森林，我挺为他们感到骄傲的。我觉得他们才是和平时期最可爱的人。

（新华社，2019 年 6 月 5 日，邹俭朴、叶紫嫣、达日罕、王燕）

奋斗者故事——密林深处的守护者

【字幕】内蒙古森林消防总队大兴安岭支队七中队，又称奇乾中队，驻守在中俄边境额尔古纳河畔的奇乾乡。中队组建于 1963 年，现有 42 名指战员，担负着护卫大兴安岭 95 万公顷北部原始林区的战略前哨任务。建队至今，共参加灭火作战 380 余起。

【字幕】他们来自五湖四海……

【同期】王永刚　31 岁　指导员

内蒙古锡林浩特。

【同期】范晓彬　25 岁　报务员

陕西渭南。

【同期】胡首　25 岁　文书

四川遂宁。

【同期】蹇江游　25 岁　司务长

四川阆中。

【同期】王德朋　29 岁　中队长

我就是呼伦贝尔人。

【同期】张恒天　26 岁　司机

甘肃省平凉市庄浪县。

【同期】胡彭冲　29 岁　炊事班班长

河南洛阳。

【同期】刘峰 26 岁 司机

第八年。

【字幕】他们也来自同一个地方——奇乾中队

【同期】王永刚 31 岁 指导员

今年是我在中队的第五个年头。

【同期】张恒天 26 岁 司机

快要六年了。

【同期】范晓彬 25 岁 报务员

七年了。

【同期】刘峰 26 岁 司机

第八年。

【同期】蹇江游 25 岁 司务长

第九年了。

【同期】胡彭冲 29 岁 炊事班班长

至今十二年。

【字幕】在他们眼里，奇乾是……

【同期】范晓彬 25 岁 报务员

我的印象里，我的第一印象，奇乾美。

【同期】胡首 25 岁 文书

穿林子进去了，全是雪，我心里面就感觉绝望了，不知道要把我带到哪去。

【同期】蹇江游 25 岁 司务长

奇乾……

【同期】张恒天 26 岁 司机

我来到这里的时候，就问了中队长一句咱们可以周六日上个街

么？他说你可以出去外边转悠，我一想，出去外边抬头是山，背后是山，那出去转也是山。

【同期】刘峰　司机

一个词……奇乾就是家，奇乾在我心中和家一样的重要，就是我第二个家。

【字幕】他们驻守在密林深处，成为北部原始林区最忠实的“守护神”

【同期】范晓彬　25 岁　报务员

去年一次大火，我们奋战了一天，差不多一天一夜后我们所有的给养和装备都没带。然后借了一个帐篷皮子，就跟一张防雨布一样，那天晚上刚好下雨，我当天晚上被冻醒，都没睡着。

【同期】刘峰　司机

2017 年 4 月 30 日，当时天特别寒冷，道上的冰包还没有化。我们走到了一个地方的时候，冰包特别高，然后车就过不去。第一个去火场的我们中队，所有人就一直在那刨，为后面别的大队的灭火车辆通行奠定了基础。

【同期】胡首　25 岁　文书

指导员带着我们几个队员去拉给养，没有路，都是火烧迹地，火烧过的地方，还蹚河啥的。为什么不怕？因为有这么一大群战友等着我们。

【同期】蹇江游　25 岁　司务长

2014 年我刚当司务长，然后上火场，中队长安排我去寻找水源，当时我一个人就去了。当然因为原始森林，确实还是特别害怕的，其实我就往前走一点，就往后瞅一下。

【同期】王德朋　29 岁　中队长

去年我们在打“6·1”阿巴河火灾的时候，当时我们打到河边就以为这个火已经结束了，但是我们通过当时的风力和风向看，有可能火已经烧过河到对面去了，在前出的过程当中，我就发现这个火确确实实烧到河对岸了，而且烧的面积还很大。这种情况下，我又返回叫我的队员，然后我们一同前往把它扑灭。

【同期】胡彭冲　29 岁　炊事班班长

我这血型可能比较招“草爬子”，平时这季节经常挨叮，今天还被咬了三次。

【字幕】这里时常缺水断电，信号时有时无……这种艰苦卓绝他们从未对人提及，包括自己的家人，只默默将思念深埋心底

【同期】胡首　25 岁　文书

我妈也想来，上次她说等她退休之后，带着我女朋友一起来。我说来吧，来。我说给你报机票。其实我心里特不愿意她们来，因为这里太那啥了，真的太艰苦了。

【同期】范晓彬　25 岁　报务员

儿子在这儿一切都好，经常回去不了，希望你们能够理解。

【同期】蹇江游　25 岁　司务长

我母亲现在身体也不是很好，说实话，其实有些时候特别担心他们。

就是，我爱他们，我想他们了。

【字幕】他们说，未闻花香花自香……

他们说，他们还能守住寂寞与孤独……

他们说，还要继续护卫这片山青水绿。

【同期】王永刚　31 岁　指导员

我打算在什么时候离开奇乾，这并不是由我个人说了算，我服从

组织安排。

【同期】胡首　25 岁　文书

我想干满 12 年。

【同期】蹇江游　25 岁　司务长

我说能留的话，我还得在这个地方继续坚守。

【同期】张恒天　26 岁　司机

慢慢地，当你沉下心来，静静地在这个地方待着，待习惯的话，你可能就会喜欢这个地方，你不愿意离开。

【同期】王德朋　29 岁　中队长

这样一份职业对我来说也是一种光荣，一种职责所在，我已经把他当成了我自己一生的事业和职业。

【字幕】

烈火炼丹心，热血铸忠诚，新时代的森林消防队伍肩负着神圣的使命……

（《新华视点》，2019 年 6 月 9 日，邹俭朴、叶紫嫣、达日罕、王燕）

奇乾故事：锅炉工王震

自述：我们这个地方（奇乾）可能一年有 9 个月的冬季，最冷的时候气温可能达到零下 50 多摄氏度。发电机在我们这里被称作生命线。因为这里不通电，只有发电机可以供电。

我在中队主要负责发电机和锅炉的正常维护和保养。晚上在所有人休息，熄灯了以后，我要把发电机关了，然后才能休息。

出标题：奇乾故事——锅炉工王震

我叫王震，来自安徽。我是 2010 年 12 月入伍，今年是我来到奇乾中队的第九年。

当时我也没想到会来到奇乾这里这个地方，最大的挑战就是这里的寂寞和孤独。

之前我的班长九年都没有在冬天回过家过过年。

14 年之前，当时的条件是非常艰苦的。

发电机可能三天一小修五天一大修。我印象最深的一次就是我们的深水井坏了，最冷的时候河里的冰结了有两米深，然后我们把冰凿开以后拿桶去里面取水，这样坚持了半个月。

2014 年以后我们的发电机功率比较大了，能带动所有的设备。

这个地方，离最近的一个镇有 150 公里左右，当我们的设备坏了的时候，去找外面的人来维修可能都来不及，需要我们自己掌握所有的技能，出现任何故障都能把它维修好。

每一次上火场我也要去，我是油锯手。晚上灭火我们是看不见的，有的树可能都在原始林生长了几百年，特别粗，倒下的一瞬间，可能就会造成人员伤亡。每次上火场，我就拿着油锯，把这些危险排除掉。

第一场火是 2011 年 6 月 26 日，我们从晚上的 7 点到第二天凌晨的 4 点，才把这场火给打灭。

火场基本上是没有交通的，可能在地图上显示就三公里或者五公里，但是当我们真正想靠近火场的时候，可能要翻好几座山还要过河，到火场可能要十几个小时的样子。

我们的皮肤有的都被泡烂了。

2012 年，我印象最深的是在火场待了整整一个月的时间。连续的转场，加上夏季频繁的雷雨，等我们回来再走上平地的时候，我们的腿已经不适应了，可能一下子就站不起来了，因为原始林里植被特别厚，走上去跟弹簧一样，特别有弹力，在走硬地的时候就不适应了。

因为我们每年都要参加好多次灭火战斗，我们被他们称为跟火烘的一样，就是一看见火红特别兴奋。

刚来到这里的时候，我也很想离开。但是后来我慢慢明白一个道理，我们在这里奉献，在这里坚守，可能很少有人知道。比如说我们山里的花可能有人看也可能没人看，但它都在开，它每一年都在开。其实这朵花呢不是开给别人的，而是开给我们自己的。

去年的时候我又选择留下来，我还有三年的时间。都说奇乾这个地方是外面的人不愿意来，里面的人不愿意走。可能外面的人感觉这里比较艰苦或者孤独，但是我们里面的人觉得这里有一份执着，有一份宁静。

落版字幕：内蒙古森林消防总队大兴安岭支队七中队，又称奇乾中队，驻守在中俄边境额尔古纳河畔的奇乾乡，仅 11 户人家的乡镇被人们称为“风静止的地方”。

中队组建于 1963 年，现有 42 名指战员，担负着大兴安岭 95 万公顷北部原始林区的战略前哨任务。建队至今，共参加灭火作战 400 余起。

（新华社，2019 年 6 月 9 日，邹俭朴、叶紫嫣、达日罕、王燕）

用生命守护每一棵树

有人问，用生命守护这些树木有意义吗？

“有，这些树木在我们面前就是一个个活生生的人。”这是一名消防员给出的答案。

北纬 53 度，祖国版图“鸡冠”顶端，与北极村漠河同纬度的原始森林腹地，有一个地方叫“奇乾”。

在这里有一支队伍——内蒙古自治区森林消防总队大兴安岭支队奇乾中队。

奇乾中队所驻守的原始森林腹地年平均气温零下 3 摄氏度，无霜期仅 70 天，漫天的大雪可以从 9 月底断断续续下到来年的 5 月，有的消防员两年都没有下过山，这里也因此被人们称为“林海孤岛”。

一年四季，无论严寒酷暑，目前奇乾中队的 42 名消防员都一直守护着这 95 万公顷的林海，他们被称为“森林守护神”。

由于地理条件限制，奇乾中队生活用电只能依靠太阳能发电。有时候雪太大不出太阳，消防员们就生活在没有电的环境中；有时候也会没有信号，无法与家人联系。

但是无论条件多么艰苦，消防员们都始终驻守在这里，守护着这里的一草一木。

在奇乾中队营房背后的山上，中队指战员们用白桦树干拼成了“忠诚”二字。

5 分钟内集合完毕　第一时间赶赴火场

在奇乾，人们最害怕听到的一件事情就是“上山打火”。因为这意味着某一林场发生火灾，急需森林消防员赶赴火场进行灭火任务，也代表着可能有人会牺牲。

也是在这里，人们最不害怕的事情就是发生火灾，因为有一群人会义无反顾地跑向火场。

无论给养是否足够，身体是否疲惫，当他们看到大火时，就会立即拿起手中的工具，不把火扑灭，绝不离开火场。

“接上级火情通报，我中队管护区某林场发生森林火灾，目前过火面积达十公顷，我命令中队按照灭火作战方案立即出发。”据奇乾中队中队长王德朋介绍，每次发生火情时，消防员们在 5 分钟内迅速集合，之后在第一时间赶赴火场。

让王德朋印象最深的一次灭火经历是那场“汗马国家级自然保护区森林火灾灭火战斗”。

2018 年 6 月 1 日，大兴安岭林区汗马国家级自然保护区因雷击发生森林火灾，过火面积上千公顷。奇乾中队接到出动命令后，中队长王德朋、指导员王永刚迅速带领中队 55 人作为第一梯队赶赴火场。

王德朋告诉记者，当在完成第一个火场灭火任务后，已经连续作战 3 天的消防员们还没有进行休整，就接到了转场任务。

“第二火场有火情，请奇乾中队赶赴火场进行灭火任务。”接到转场任务后，3 天没有休息的消防员们立马拿着 30 多斤重的风力灭火机赶赴第二火场。

“我们作为森林消防员，一见到火光就激动，完全忘记了身体疲

惫的感觉，马上投入到了灭火任务当中。”王德朋告诉记者，由于汗马国家级自然保护区灌木丛生，火场内地形复杂，消防员们经历了三个昼夜才将火场北线明火扑灭。

当确认暂无其他火情，已经扑灭的火场也不会再发生复燃的情况后，消防员们接到上级命令“可以撤离”。

返回驻地的近 7 个小时的车程，消防员们睡了一路。

王永刚告诉记者，有时候会遇到灭完一场火后，消防员们刚进入驻地的大门后，就接到了下一场灭火任务，还没有及时做休整，就要立马赶赴下一个火场。

“当发生火情时，我们必须要第一时间赶赴火场，成功把火扑灭是我们作为森林消防员的职责所在。”王永刚说，有一次灭火历时七天八夜，当时所携带的三日量给养消耗完毕后，40 多位消防员在后面的时间里只吃了 5 斤面和半个白菜。

而在那次作战中，时任中队长寇亮亮回到营地后身上翻出了 13 个“草爬子”。草爬子学名“蜱虫”，以吸食动物血液为生，传播病毒，严重时可致人死亡。

奇乾中队的卫生员康广林告诉记者，作为森林消防员，新兵入伍前都需要注射脑膜炎疫苗，并且每隔一段时间就要注射一次，防止在森林灭火时被蜱虫叮咬而引发神经脑膜炎。

“有时当消防员被蜱虫叮咬后，蜱虫会钻进消防员的皮肤内，如果没有及时处理就会随着血液在身体流动。”康广林称，在灭火结束后，当消防员在看守火线清理现场时，有消防员发现自己被叮咬后，一般用烟熏和酒精擦拭将蜱虫赶出体内，而当蜱虫深入皮肤内时，只能用刀将那块皮肤割掉作为紧急处理。

“外面的人不愿意进来，里面的人不愿意出来”

在消防员们的眼中，奇乾中队是一个传奇的地方，虽然这里的条件最艰苦，却也是他们最向往的地方。

在这里有一句话：“外面的人不愿意进来，里面的人不愿意出去。”

以前，奇乾中队不通电不通水，几乎没有信号。“差不多一个月只能与家人通一次电话，而且通话时间不能太长，要不然就没有信号了。”在这里入伍快12年的老兵布约小兵（彝族）告诉记者，在没有信号之前，只能把电话挂在树上寻找信号，通话都是靠喊，而且只有中午11点到3点，也就两三个小时有信号。

现在虽然有4G信号基站，但是有时候也会“罢工”，大雪封山时，维修工人无法上山进行维修，与外界一两天不联系是家常便饭。

王永刚告诉记者，目前中队的取暖供电全部靠烧锅炉运转发电机，为了更好地延长发电机寿命，每次供电也是有时间间隔的，除了凌晨1点到3点、5点到7点、9点到11点、13点到15点、17点到21点这几个烧锅炉的时间点外，其他时间都没有电。

2年前，中队所在的驻地房屋需要维修，一位维修工人来到奇乾中队后，发现这里没有电也没有手机信号，第二天早上5点多就拿着行李离开了。

但是即使这里的条件这么艰苦，消防员们还是义无反顾地选择来到这里，因为这里有最淳朴的兄弟情。

张恒天是一名“90后”，来到奇乾中队已经8年了，现在是一名驾驶员。

有时候由于火场地形的原因，驾驶员们只能将消防员们送到离火场最近的公路，之后消防员们徒步前往火场。

“已抵达火场，开始扑打明火。”对讲机里时不时传来消防员们在火场一线作战的消息。张恒天告诉记者，虽然有时候接到灭火任务时，心里想大干一场，赶紧把火扑灭，但是当把他们送入火场后，心里只有一个想法“希望他们可以平安回来”。

当张恒天和其他驾驶员将消防员们送到离火场最近的公路后，他们没有返回驻地，而是一直在公路上等待灭火的消防员回来。

在等待时，张恒天会一直望着灭火的消防员走向火场的方向，并且心里默默地祈祷“他们可以平安回来”。

而当拖着疲惫身体的灭火消防员结束灭火任务，看到张恒天和其他驾驶员后，会激动地跑向他们，因为他们看到了希望，看到了驾驶员就看到了回驻地的路。

中队文书胡首告诉记者，他们消防员最爱唱的一首歌曲是《团结就是力量》。

“团结就是力量，这力量是铁，这力量是钢，比铁还硬，比钢还强……”

注定与家人聚少离多“有任务，必须要回去”

对一名消防员来说，可能亏欠最多的就是自己的家人。

消防员们有一个习惯——给家人报喜不报忧。

他们出发去森林灭火前，不会告诉家人自己去火场灭火，等成功将火扑灭后，才会打电话向家人分享自己的战果。

他们一直没有忘记自己是父母的儿子、妻子的老公、孩子的爸爸，但是他们始终都有一个身份不会变，“我是一名消防员”。

“我们这个职业注定了与亲人聚少离多，但是这个没有办法，你选择了这份职业，有些事情就要去克服。”当兵马上 12 年的老兵布约小兵，11 年多来从未回过家过年（布约小兵是彝族人，过年时间为 10 月份），也从未给自己的父母过过一次生日，而自己的儿子都一岁半了，只在春节休假回家时陪伴了他一个月。

布约小兵告诉记者，由于长时间没有和儿子见面，当抱起儿子时，儿子会哭闹。

“作为一名森林消防员，最对不起的就是自己的家人。”有一次，布约小兵正好休假回家，他的妈妈由于身体的原因，突然不会说话，在医院住了 5 天。当布约小兵的妈妈病情有所好转时，他接到了部队的通知：有任务需要你立即停止休假，返回驻地随时准备战斗。

当时,布约小兵看着躺在病床上年迈的母亲,心里想着向自己的领导去请假,多陪自己的父母几天。“你走吧,你放心,这里还有你哥照顾我。部队肯定是有任务才叫你回去,你回去吧。”虽然布约小兵不放心自己母亲的身体,但是在休假的第 6 天他还是踏上了返回驻地的路途。

“有任务，我们必须要回去。”布约小兵告诉记者，当兵快 12

年，作为一名森林消防员，长年与森林为伴，他要像保护自己的眼睛一样保护这里的一草一木。

到今年年底，小兵就已经当兵 12 年了，而他也面临着一个问题——是回家还是继续当一名消防员。

“如果可以，我还是想继续干下去。我爱这个地方，喜欢大家，已经习惯了这个职业。”布约小兵说。

入伍已经两年的预备消防员田野告诉记者，他两年都没有回过家，非常想家。“我想对我的爸爸妈妈说，希望你们保重身体，特别是我妈妈，她身体不好，希望她工作不要劳累，我在这过得很好，请你们不要操心。”

有人问，用生命守护这些树木有意义吗？

“有，这些树木在我们面前就是一个个活生生的人。”王德朋告诉记者，这些树木扎根在森林腹地，滋养着这片土地和这里的所有动物，这是树木为大自然做的贡献，而他们保护这些树木，其实也就是保护了在他们心中所认为的一个个活生生的人。

当在完成灭火任务后，王德朋会在远处看山上被火烧过的地方，当看到这些地方的周围都是绿色的树木时，他的心里很开心，因为他保护了树木，为大自然留下了绿色。

清晨，随着起床号的响起，奇乾中队的所有消防员们集合在驻地周围的公路上，呼吸着新鲜的空气，看着公路两旁的树木，向着森林深处跑去。

阳光洒进奇乾中队消防员的宿舍，在豆腐块似的被子前放着的消防员帽子上的徽章被照射得锃亮，床底下，消防员的防火服整齐地摆放着，他们为下一次灭火任务时刻准备着。

（未来网，莫尔道嘎 2019 年 4 月 25 日电，何欣）

了12年多的彝族小伙布约小兵说。当然，这也是记者在中队听到的最多的一句话。深夜里，当隆隆的发电机声停下来的时候，寂静便会迅速蔓延扩散，或许就是这份寂静，练就了指战员的甘于寂寞、勇于奉献的非凡信念。

或许，正如营区后面树上小牌子上所写——奇乾的魅力在于外面的人不愿来，里面的人不愿走。一代代“原始林区守护神”传承着忠诚、坚守、创业、乐观的精神，这片林海也早已融入了他们的青春血脉，他们把艰苦当成前进的动力，在平凡的岗位留下自己的足迹。

原始森林深处有一群消防小哥

孤独、寒冷、艰苦是这里现状，忠诚、坚守、创业、乐观是这里的精神。1963年起，内蒙古森林消防总队大兴安岭支队奇乾中队驻守于此，一茬茬森林消防指战员用热血青春在这里坚守了半个多世纪，守护着这片绿色，几百次鏖战火场，被林区群众赞誉为“原始林区守护神”。

奇乾有多苦。奇乾中队现有指战员包括指导员在内仅有5人结婚，有女朋友的约三分之一。在他们看来，经常“失联”是恋爱失败的主因。“每次相亲，姑娘对我们感觉都不错。但一回到这里，几乎就断了联系，对方就不太乐意，后来就不了了之了。”消防员唐敏说出了大家的心声。

奇乾有多偏。2008年，来自四川大凉山的彝族小伙布约小兵一心想走出大山见见世面，当他来到奇乾后，自我调侃道：我是从一座大山走出来投入了另一座大山的怀抱。布约小兵说：“奇乾这地方连当逃兵的机会都不给你，想跑跑不了，想给家里打个电话，手机还没信号。”

奇乾有多冷。连续9年负责烧锅炉的王震说，中队取暖时间从每年9月到次年5月，平均每天烧煤2吨，天冷的时候需要4吨，每10分钟需要填煤一次。如果供暖设备出现故障，必须在2小时内解决，否则水管、锅炉都会被冻住。由于纬度高，这里零下30摄氏度是常态，往往6月在密林间还有冰雪未消融，10月又是漫天飞雪。

责任有多大。奇乾中队指战员人均防火面积16000公里，相当于每个消防员要负责24000个足球场那么大的面积。每次打火随身装备就有15公斤左右，加上打火工具，最高负重能达到50公斤左右。

就是在这样的环境下，一茬茬森林消防指战员用热血青春在这里坚守了半个多世纪。在1987年“5·6”特大森林火灾扑救中，先后参加了7个火场的扑火战斗。火场上，扑火队员断了水源口渴难忍，有的就在湿地上挖个坑，把嘴对上去呼吸几口潮湿的空气解渴，有的拔一撮草根放在嘴里咀嚼解渴。他们转战20余次，扑灭火头56个，扑灭火线长度达400余公里，创造了连续作战77天的历史纪录。

2002年“7·28”特大森林火灾，奇乾中队打响了千余名扑火队员火场大会战的“第一枪”。他们冒着随时都有可能被站杆、倒木、滚石砸伤的危险，一边打火，一边挖隔离带。荆棘丛生的原始森林内，工具使用效率低，扑火队员就用肩扛、手推、脚蹬的方式开挖防火隔离带，指甲抠掉了，裤子撕破了，终于抠出了一条宽0.8米、长70公里的防火隔离带，阻挡了大火蔓延。

类似的案例举不胜举。数据显示，1980年以来，奇乾中队共出动兵力14000余人次，扑灭森林火灾近300起。建队以来，从中队走出2名将军，11名师职干部，25名团职干部。1人荣立一等功，3人荣立二等功，125人立三等功。中队在2015—2016年先后2次被武警部队树立为先进宣传典型。

在这里，历代森林消防指战员用实际行动诠释着奇乾精神，感动了很多人。出租车司机王锡才为了能让消防员吃到新鲜蔬菜，坚持为中队送菜13年，每年行程超过10万公里，期间跑坏了4台车，被称为“莫尔道嘎车神”。电信公司柴瑞峰为了能让中队通4G网络，独自一人多次从山下开车150公里到中队调试基站信号，不分寒暑……

采访中，我们共同说的一句话是：他们不容易，给林区做出了贡献，我们感谢他们。这里就是奇乾，一个了无人烟的地方，一片森林消防指战员用生命守护着的林海。

见证“孤岛”联通世界步伐

从灭火时的摩托化推进，到现在直升机运送兵力；从无长电无网络到如今的“视频电话向家人报平安”，内蒙古自治区森林消防总队奇乾中队指导员王永刚向记者感叹：“跟前几年相比，现在各方面条件好太多了。”2015年，27岁的王永刚成了奇乾中队历史上最年轻的指导员，他也亲眼见证了中队从“孤岛”逐渐联通世界的步伐。

2015年之前，每次发生火情，指战员只能采取摩托化推进，当车辆无法行进时，指战员们背着近百斤的物资徒步前进。2015年，中队建起了停机坪，当人员车辆无法直接接近火场时，可以利用直升机快速向火场投送兵力。

停机坪不仅解决了快速往火场运送兵力的难题，同样也给指战员建起了“信号场”。

“当时停机坪的信号是最好的，每次灭火回来后，大家都给家里打电话报平安，但仅有的信号只能保证10个人通话，而且要高举着手机跟家里喊话，稍有不慎就掉线了。”王永刚笑着回忆道。

同一年，新增的100块太阳能板保障了中队的日常用电。“以前只有20块，仅仅能保障通信，保证不了日常照明，我们晚上去厕所都是摸黑去的。现在只要不是连续阴天，用电不是问题。”王永刚说。

“电不够，基站都运行不起来，更别说4G网络。”在王永刚看来，保证用电意味着4G网络不再遥不可及。电信公司在中队的后山上建立了信号发射基站，慢慢地，中队驻地也有了4G网。

4G网不仅让这些风华正茂的小伙子可以通过视频向家人报平安，更重要的是让他们有了跟女孩子进一步交往的机会。

王永刚告诉记者，相对于外部环境，他更在意内在的提升。“在现有条件固化的情况下，我会让队友们尽量多学知识，多读书，只有通过知识才能改变命运。”

在奇乾中队，70%以上的消防员都是大学以下文凭，中队的三任文书在复员后都考上了公务员。

“我希望这些跟我出生入死的兄弟在服役期满以后，回家能做一个对社会有用的人。”王永刚说。

在这里学会坚守

大兴安岭森林消防支队肩负着保卫大兴安岭原始森林和中俄、中蒙边境森林防火灭火任务。1952年建队至今，支队共扑救森林火灾2600余起。

支队下辖10余个基层单位，遍布兴安山脉。大兴安岭森林消防支队政委康建有告诉记者，从执行森林火灾扑救任务次数和人均防火面积来看，奇乾中队是一支优秀的队伍。

不会讲普通话成为布约小兵融入奇乾最大的障碍。了解情况后，中队给他买字帖让他练字，教他普通话，鼓励他多跟大家交流。现在，他不仅成为班里的训练尖子，还成了营区小画家，负责营区里板报等工作。目前，布约小兵已成为中队指战员中服役年限最长的一个。在这里，他学会了坚守。

虽然已过立夏节气，但奇乾仍然寒意逼人。奇乾位于中国版图的“鸡冠”处，纬度高，到6月时密林间还会有冰雪未完全消融，10月就又要漫天飞雪。

“这里虽然冬季特别寒冷且冬长夏短，但我们其实有点害怕夏天。”中队长王德朋说。

原来，这里林间植被茂密，地被物厚达30公分以上，可燃物蓄载量大，独特的小气候极易导致雷击火，引发森林火灾。而山高林密、灌木丛生的环境又给火灾扑救带来巨大的难度。奇乾中队人均防火面积相当于24000个足球场那么大。

“每逢春、夏、秋三季森林防火灭火紧要期，中队的消防员需全天24小时战备，应对随时发生的森林大火。”王德朋说。

除了要面对盘根错节的树木和如沙发般柔软的草甸子，“草爬子”也是指战员要重点防范的对象。“草爬子”学名蜱虫，只要叮上人就会吸血把自己胀大，同时分泌一种对人体有害的病毒，人们因此谈“蜱”色变。每位森林消防员在入伍之前都需要注射脑膜炎疫苗，并且每隔一段时间就要注射一次。因为在入林训练及灭火时，他们被“草爬子”叮咬的概率很大。

就是在这样的环境下，一批批森林消防指战员在这里坚守着。50余年来，奇乾中队完成了多次重特大森林火灾扑救任务。组建以来，奇乾中队先后荣立集体二等功 5 次、三等功 3 次，2012 年被内蒙古自治区政府授予“北疆森林卫士”荣誉称号。

（中国新闻网，中新社内蒙古呼伦贝尔 2019 年 5 月 15 日电，张林虎）

“林海孤岛”摆渡人

“跟这帮消防员，就把他们当自家兄弟一样看。”谈起内蒙古森林消防总队奇乾中队的全体指战员，送菜人王锡才笑着说道。今年已经是他给奇乾中队送菜的第13个年头。

4月22日，记者跟随“追梦火焰蓝”网络主题宣传活动采访团来到位于内蒙古自治区额尔古纳市的内蒙古森林消防总队奇乾中队，见到了王锡才。王锡才从2006年起就开始定期给奇乾中队送菜，风雨无阻。中队的指战员也特别喜欢他，大家都管他叫“王哥”，每当他上山送菜，就会被消防员们围起来唠家常。

内蒙古森林消防总队奇乾中队驻地被称为“林海孤岛”，其所在的莫尔道嘎镇奇乾乡历史最低气温零下58摄氏度，这里年平均气温零下3摄氏度，无霜期仅70天，冬季长达9个月，因此也被人们称为“风停止的地方”。

就是在这样的环境中，王锡才为了给奇乾中队送菜和捎带生活用品，每年要跑十多万公里。这些年来，他已经跑坏了三台车。每次上山，他的车上都会准备铁锹等工具，这样遇到积雪等障碍的时候就可以先自己清理。王锡才一般不会轻易麻烦奇乾中队的兄弟们，但当他的车真的因为故障停在半路，也会第一时间寻求消防指战员们下山支援帮他脱困。

大家都管王锡才叫“莫尔道嘎车神”，当被问及原因时，他回答说，一开始的时候，上山的路仅有一个车身那么宽，走这条路需要有足够的驾驶技术。雪太大的时候，几乎就没有别的司机愿意遭罪开这条路了，在冬天，这条路就只有他一个人跑，可以说，王锡才就是奇乾中队的“摆渡人”。

王锡才不仅有良好的驾驶技术，为了保证消防指战员们吃上新鲜的蔬菜，他还会认真关注天气预报，若是约定送菜的日子下雪，他就会提前把菜送去。谈起之前一次因为长时间下雪，一个半月没能上山送菜，他说，知道这帮兄弟一个多月只能吃冻菜“心里很不得劲儿”。

因为和奇乾中队的指战员相处得“像兄弟一样”，所以大家也非常信任他。奇乾中队驻地周围没有银行，消防员们需要用钱的时候就把银行卡给王锡才，并告诉他密码，让他帮忙取钱。最多的一次，王锡才拿了三十多张银行卡，光取出的现金就有好几万，直到现在，王锡才的手里还存着一些消防员的银行卡。王锡才说，干了这么多年了，大家都互相信任，这已经成了传统。

谈到为什么会坚持给奇乾中队送菜这么长时间，王锡才回答：“我住在林区，这些消防员为老百姓保护这片林子，挺心疼他们的，我做这点事情，也就微不足道了。”虽然外出打工会比给奇乾中队送菜获取更高的收益，但他还是喜欢上山送菜。“只要他们不离开，我就一直干下去”王锡才认真地说。

（中国新闻网，中新网额尔古纳2019年4月23日电，范丰辉）

无悔，最苦的地方，最热的血！

我是内蒙古森林消防总队奇乾中队指导员王永刚。单说奇乾两个字，大家可能没有概念。但如果大家往地图上看，一眼就能找到它，因为它就在祖国版图的“鸡冠”上。

而说到我们所守护的大兴安岭，大家就比较熟悉了。它是我国唯一集中连片未开发的原始林区，与亚马孙热带雨林并称为地球的两大肺叶。

奇乾距离首都北京 2000 多公里，而我的队员们，很多都来自四川、云南、广西等南方地区，他们要回家乡，路途更远。老队员布约小兵是四川大凉山彝族人，12 年前，他抱着去外面世界看看的想法，走出了大凉山，却又一头扎进了兴安岭。那时的奇乾不通车、不通电、不通邮，用他自己的话说，这里比大凉山还大凉山。

作为森林消防队伍唯一驻守在原始林区腹地的中队，奇乾就像一把橙色的尖刀，扎进了林海深处。

原始林区的火灾大多是雷击产生的，明明晴空万里，却突然来了一串闪电，雷劈到树上，火就着了。今年“6・19”金河大火就是这么来的。赶往火场途中，我们就远远地看到，那山上的火线绵延不绝，把天都烧红了。火场温度高，地表腐殖层厚，地下火、地表火、树冠火立体燃烧，热浪烤得大家眼睛都睁不开。高凯凯是风力灭火机手，他打了不到 10 分钟的明火后，防火眼镜就烤变形了。

而另一边，消防队员夏宇正在为风力灭火机加油，突然，一棵三四十米高的大树伴随着撕裂的声音朝他倒下来。“快跑!”队友们提醒他的声音还没传到，树就已经砸了下来！千钧一发之际，旁边的队友张国松用尽全力扑向他，两个人翻滚在旁。只差2米，只差2米，夏宇就可能葬身树下！刚与死神擦肩而过，还没缓过神儿来的他，很快就又投入了战斗，在实现合围那一刻，他开心地笑了。因为，我们的队伍又一次战胜了火魔！

而此时，我们已经战斗了三天三夜，带的水几乎都没了，嘴里渴得发苦。高凯凯的瓶子里只剩两口水，他把瓶盖拧下来，和身边的3名队员一人一瓶盖分着喝。蹇江游和徐建鹏到山下去找水，走到半山腰处才找到一个浑浊的小水坑，他俩足足掏了一个小时，才得到了一小壶水，赶紧拿上去分给大家喝。

火场上，会吸血的“草爬子”也让人毛骨悚然。这是森林中特有的毒虫，被它咬到，轻则头晕，重则死亡。大学生队员胡首第一次被咬时，特别害怕，手臂上的“草爬子”使劲往肉里钻。队医将消毒棉按在他的手臂上，那种撕心裂肺的疼，让他一辈子都无法忘记。可第二次被咬时，他一声没吭，自己就处理了。中队流传着这样一句话：没被“草爬子”咬过的人，不算在奇乾干过。

熬过了火魔肆虐的夏季，就迎来了大雪封山的冬季。奇乾的冬天长达9个月，最低气温零下58摄氏度，大家只要一出门，不超过5分钟就冻透了。碰上水泵出问题，大家还要一起去河里凿冰取水。比水更难得的，是电。如今，这里仍不通长电，在漫长的冬季，上午9点，阳光才能透过森林，照到太阳能板上，而下午2点太阳就落山了。为了省电，一到天黑就把大家集中起来学习，整个营区里、整个大森林里，只有学习室那一盏灯，分外明亮。

奇乾苦吗？当然苦，但在我们的身躯里，流淌着能够战胜一切艰难困苦的热血！

这腔热血,在17岁的蔡浩身体里流淌着。当同龄人还在父母身边撒娇时,他已经战斗在了火场上。我问他怕不怕,他说:“我不怕!”

这腔热血，在19岁的李梦达身体里流淌着。有一次，他在火场上奋力拼杀，结束后才发现袜子都磨破了，10个脚指头露出了8个。我问他有什么愿望时，他笑着说：“我只想要一双新袜子。”

这腔热血，在30岁的郭喜身体里流淌着。他默默守在锅炉边，连续9年没有回家过年，一直没谈恋爱。他对我说：“大兴安岭作证，满山的达子香就是我的新娘。”

同样的热血，流淌在每个奇乾男儿的身体里，我们像大兴安岭的樟子松一样，扎根边陲、笑傲风雪、充满生机、昂扬向上！

奇乾的魅力在于外面的人不想来，里边的人不想走。著名诗人艾青曾说：“为什么我的眼中常含泪水，因为我对这土地爱得深沉。”可我要说，正是因为对这土地爱得深沉，所以我们的眼中才没有泪水，只有坚守的决心！

巍巍兴安岭，热血火焰蓝。茫茫林海间，初心永不忘。

前不久，习近平总书记视察内蒙古时，再次强调要筑牢我国北方重要生态安全屏障。对党忠诚、纪律严明、赴汤蹈火、竭诚为民，我们将牢记总书记嘱托，在训词精神指引下，永远站在这里，站在熊熊火焰前，站在漫天风雪里，牢牢守住这片林海，守住这道绿色长城，守住我们深爱的这片土地！

（应急管理系统“不忘初心、牢记使命”主题教育先进事迹报告会报告稿　王永刚）

一个偏远艰苦地区的中队缘何特别能战斗？

400余次灭火战斗每战必胜，获得108项荣誉，武警内蒙古森林总队大兴安岭支队奇乾中队屡创佳绩，其经验是——按纲抓建，落细落小。

日前，记者来到至今不通市电、不通邮政、不通公交的武警内蒙古森林总队大兴安岭支队奇乾中队采访，眼中唯见小事，耳中全无大话。一个地处偏远、条件艰苦的中队，为什么特别能战斗？经过深入采访，终得其解——按纲抓建方出精兵，落细落小提升战斗力。

记者乘车驶入营门时，中队官兵刚刚执行完灭火任务归队。满身烟尘的官兵虽然神色疲惫，但卸下的灭火装备和个人装具横成行、竖成列，整整齐齐地摆放在操场上。一班长侯忠强说，所有装具和物品均按照战斗序列摆放，便于随时出动。

不仅物品摆放井然有序，官兵的战斗意识也很强。午餐结束后，官兵放下碗筷就回到操场，分组重整装备。有的检修保养风力灭火器，有的往个人装具中补充食物。记者打开个人背囊看到，自下而上整整齐齐摞着鸭绒睡袋、雨衣和野战食品。一名检查员边核准，边登记。在发现一双备用鞋断了一根鞋带时，检查员立即登记入册，补入新品。

中队长尚国义告诉记者："只有严格按照火场需求规定物品数量、种类和摆放顺序，到了瞬息万变的火场上，才能做到样样物品找得到、用得上，确保战斗力不打折扣。"

有战绩为证：短短半个月，奇乾中队成功扑灭 6 场雷击火灾。随时拉得出、打得赢，靠的是人人、时时、事事、处处把细节落实到位。

都说奇乾中队的兵个个素质过硬，但支队领导告诉记者，奇乾中队的兵并非是刻意挑选的，但不论啥样的兵到了奇乾中队，不出 3 个月，准会嗷嗷叫。

奇乾中队地处原始森林腹地，距离支队 600 余公里。每年 5 月开山，9 月即已漫天飞雪。上级领导难得来检查一次，要说哪一项制度坚持不到位，只有他们自己知道，但在奇乾中队，越是没人检查，越要求严格执行规章制度。

日复一日地严格按照条令条例规范官兵行为，久而久之，人人行为自觉。四级警士长郭喜扎根奇乾 12 年，他的日记中记录过很多极端天气，但类似"就算天上下起冰溜子，操课也必须按时进行"的记录也随处可见。无论天气如何恶劣，奇乾中队官兵落实一日生活制度从未打过折扣。

制度面前，官兵平等。曾经有一位刚到中队任职的指导员组织召开党支部民主生活会，4 名支委毫不留情的批评让他始料不及。原来，他的政治教育学习笔记没有按时完成，请战士代劳抄写。士官支委直言不讳地指出："履职尽责难在平时，贵在细节。不因事小而不为，干部更应带头做到。"一席话说得指导员满脸通红，羞愧不已。

多年来，奇乾中队始终坚持"接风洗尘会""党员恳谈会""决策听证会"制度，让普通官兵给新上任的干部提要求，给离任干部

提希望，评判工作绩效、参与重大决策、剖析敏感问题、行使民主权利。

许多年来，无论外部环境如何变迁，奇乾中队始终坚持按纲抓建，不仅在火场上屡建奇功，400余次灭火战斗每战必胜，确保了95万公顷原始森林常绿常青，还建起了标准营房设施、修筑起独具特色的文化长廊，多次在上级组织的军事比武中摘金夺银。奇乾中队先后获各项荣誉表彰108项，其中荣立集体二等功4次、三等功2次，连续8年被评为“基层建设先进单位”“标兵中队”，被授予“北疆森林卫士”荣誉称号。说起中队的建队经验，上下一致的看法是：像过日子一样按纲抓建，在落细落小中提升战斗力。

（《解放军报》，2015年10月5日，吴敏、张晓庆、郑威）

身处大山有靠山

一个中队，紧邻国境，孤零零深扎北疆原始森林腹地，每年大雪封山半年，至今难见手机信号。

山深林密，难掩光芒。建队半个多世纪以来，成绩和荣誉就像奋翅的群鸟，飞越层峦叠嶂，扎堆儿来这里寻窝：中队先后荣立集体二等功4次、三等功2次，连续8年被总队评为“基层建设先进中队”，2013年、2014年连续两年被森林指挥部评为“标兵中队”，连续52年完成任务无差错、无事故、无案件，一茬茬奇乾兵在林海深处含砂吐珠，孕育了在森林部队叫得响的“奇乾精神”。他们靠啥？官兵们说，身处大山有“靠山”，咱们建队的靠山就是《军队基层建设纲要》。

中队贴着国境线，离支队机关隔着绵延大山和广袤草原，堪称森林部队最偏远的中队。有人以“88”来调侃：上级搞试点、抽检，八成不会选到这里来；就算来，提前八个小时就能得到“线报”，起床再迎检也来得及。

机关检查督导难，中队只有坚持自主抓建。

“基层建设千头万绪，抓住规律纲举目张。中队党支部的诀窍，就是老老实实按纲要干。”今年3月，新任指导员王永刚到中队履职，翻得最多的就是新纲要和中队按纲建队形势分析。上级要求中队制定的年度按纲建队计划，党支部反复6次修改，才报上级党委

审议。

不懂纲要不张嘴，不明形势不发言。这种老实态度，是中队年复一年传下来的，更是官兵日复一日干出来的。

“‘本来以为是猴王回了花果山’，哪承想是走进了按纲建队的‘样板间’。”白冰从外单位调入，想着可以轻松混混日子，结果一到中队就开了眼：去扫雪，三人成列，在雪地里走出了直线直角；发电机趴窝，全中队打起手电点名一人不落；周末气温零下40多摄氏度，起床一分不差……

上级看不见，队员容易放松，干部也容易起念头：偏远单位想要赢得青睐，没点“动静”能行吗？今年春防前，排长赵晖建议下山搞一次有规模有声势的防火宣传。中队党支部对照纲要，以“不符合严格落实人员在位率的战备要求”为由否决了这提议。最终，山下的另一支中队承担了防火宣传任务。

不图彩头练内功，中队就有中队的样子；头脑中有“纲”，骨子里有“刚”，兵就有兵的样子。

边境深山，常有盗猎者出没。一次武装“三清”中，指战员将5名不法分子一网打尽。对方拿出半罐沙金企图贿赂。无人区里，夜幕之中，队员的品质比金子更耀眼。他们不为所动，把不法分子连同缴获的珍稀野生动物、名贵药材、沙金等物品一起交给了森林公安。

样子是里在外化。指战员思想链条绷得紧，啥时候都不松懈。五里地外，美丽的额尔古纳河缓缓流淌，对岸就是俄罗斯。面对这样的地缘环境，中队党支部始终按纲要抓好党的创新理论武装，做好经常性思想工作、保卫工作，严格行政管理，密切内外关系。建队52年来，中队好似铁板一块，无事故、无案件、无一人私自离队。

环境恶劣，条件艰苦。工训矛盾突出，运转如何顺畅？中队坚持一钉一铆抓落实。他们说——

气温刚从零下 42 摄氏度的极温里开始回升，数十个橘红色的“红孩儿”就闯入了茫茫雪原里。今年早春，中队实地大火演练就开始了。

北国冰封，原驰蜡象。林地积雪 30 厘米以上，火险为零，搞哪门子灭火演练？中队长尚国义解开谜团：“雪化了就晚了，训练不能等到无霜期！”

就环境恶劣、工训矛盾突出，奇乾中队的困难有目共睹。但对待纲要，中队上下认定一个理：不讲特殊，只看落实。熟悉中队的领导都说，按纲建队干得扎实，基础底子打得结实，大家心里才踏实。

就训练来讲，这是基层最重要的经常性工作。可在奇乾中队，做到“经常”实在不容易。森林腹地没有场地，队员们就靠肩挑手抬，在永冻层上打出了水泥地面，平整出了队列训练场，在灌木、杂草丛生的山脚下开设出了四百平方米障碍场、训练场。冬季太冷，室内走廊、棋牌室就变成了热火朝天的训练场。

果真如中队长的预料，日子才好过没几天，雷击火就来了。6 月 18 日，奇乾林场发生火灾。“3 米高的火浪，怎么打啊？”第一次直面森林大火，消防员潘麟发懵了。班长大喊：“平时怎么练，现在就怎么打！班长骨干打头阵，消防员跟着上。”小潘赶紧回忆动作要领，紧抓风机，闷头清理余火，一干就是 3 小时。一场浴火的洗礼下来，人人双手磨出血泡，但没人退却、没人喊苦，雏鹰全都变成了雄鹰。

训练在艰难中起步，思想政治教育更要善于就地取材，甚至要有些诗情画意。官兵自己搭建的“绿色长廊”“桦木地图”“白桦书卷”和“乾”字石都成了开展随机教育的场地；饭前领学，登山呐

喊，战斗小周报、风气小板报、营区小广播、新闻小点评、读报小评论“五小”活动都成为中队开展教育的有利时机。

中队的后勤建设同样有看点。山高路远保障难，封山期间更是与世隔绝。然而，中队高标准落实基层后勤规范化管理，用4年时间建起10亩良田、3个温室大棚，让吃菜难成为历史。新纲要要求提高精细化保障水平，中队就在原有设施基础上进行改造，建成了支队唯一的暖气调温菜窖，创造了自给自足的奇迹。

静如处子，动若脱兔。远程机动，怎么平战如一？中队坚持一步一动搞建设。他们说——再忙，靠住纲要就不发慌。

奇乾中队有个美称，叫“原始森林战略前沿哨所”，它要管控的是95万公顷的大兴安岭北部林区。平均一个消防员要管多大地盘？记者粗算，约等于24000个标准足球场大小。

高机动性，是这个中队的特点。一旦出现火情，中队成建制坐着直升机一个“筋斗”翻山越岭，踩着“风火轮”连续转场作战，追风打火不停脚。哪怕在平时，也要两天巡逻一次，在土路上颠簸10来个小时。

高警惕性，是大家的共性。一到夏天心就发慌，一听到雷声就紧张，生怕“干打雷不下雨”的干雷暴又把哪片林子击着了。每到这个时候，有的队员整晚都睡不着。

平战转换时间极短，远程机动范围极广。任务当前，队员们“老实”不下来，按纲建队难上加难。对此，中队党支部有自己的理解：平时一步一个脚印走得稳，跑起来才不打脚、不心慌。

以战备为例。平时，中队战备教育落实到位，战备演练组织经常化，并从精细化入手，对每一个库室、每一项设施都制定了具体详细的制度，从细微处培养管理，使大家养成爱队如家的良好习惯；战时，大到灭火装备，小到维修器件，全部责任到人，样样东西有人管，怎么带出去，怎么带回来。因此，中队随时可以齐装满员拉出营区。6 月 13 日至 28 日，中队连续参加 6 次灭火作战，要么刚归建就又出发，要么一天转场 3 次，连续奔袭。大家不慌不乱，圆满完成任务，凯旋。

奔波在外，就更珍惜家的温暖。去年冬天，中队最老的消防员卜晨光、何洋洋要走了。他俩捡来 1883 根短木，为中队修建了一条 698 米长的“绿屏漫道”。阳光下钉帽的反光连成了两条光滑的平行线。战友说，中队建队 18830 天，日子就像他们修栈道这样，每天都过得有板有眼。

队员们渴望清闲，有人却主动上前，在苦里品出了甜。中队编外队医李宾去年 7 月到队，“赋闲”了好一段日子。中队组织学习新纲要后，把他也纳入了“双争”。李宾来了劲，背起一口黑铁锅上了 15 次火场。他说，中队建设靠大家，双争呼唤你我他，中队建设没有局外人。“这口锅支起来能做饭，扣过来能坐人，关键时刻还能挡火打火，好着咧！”

（《人民武警报》，陈维奇、庞兴航）

北方生态前哨

50多年前，毛泽东主席、周恩来总理发布命令：东北护林队改称中国人民护林警察。此后，森林警察部队建制几经调整，但内蒙古森林消防总队大兴安岭支队奇乾中队始终驻守北疆原始林区没有变。这里荒无人烟，距最近的居民区有150公里、中俄边境5公里，是唯一守护祖国最大面积原始林区的“前沿哨所”，战略位置都十分重要。

几十年来，中队党支部率领官兵与山林为伍，与寂寞为伴，在一次次与火魔的殊死较量中，灭火头、攻险段，誓死保护了大兴安岭北部原始林区的绝对安全。中队官兵常年驻守原始林区，挑战生理极限，50多年来实现了任务无差错、无行政责任事故、无刑事案件的“三无”目标，先后赢得“大森林保护神”“北疆森林卫士”等100余项荣誉。大家认为，奇乾中队通过严格落实组织生活制度、提高自身解决问题能力、建强一线战斗堡垒来推进部队建设和完成急难险重任务的做法，对加强基层党的建设具有示范和借鉴意义。

用过硬思想坚守阵地艰苦创业

中队官始终把艰苦奋斗作为“必修课”“传家宝”。20世纪80年代的工具箱、水泵、发电机至今仍在使用；90年代开展的“人人有存款、向家里汇津贴”活动仍在继续；中队的小木工、小电工、小焊工始终接力传承。

这里全年有5个月大雪封山，无人烟、没住家，不通市电、不通邮；这里手机信号少，电视雪花多，日报成周报甚至月报。在这里经常会遇到很原始的事情，不管你有多少理由寝食不安、彻夜不眠，到了规定时间所有人只能同时熄灯睡觉；只要发电机一停，官兵近乎与世隔绝。

以前，中队官兵吃的是“补给饭”，喝的是“山泉水”，夏天萝卜土豆，冬天咸菜干粮。各级党委非常关心中队官兵的生活，为中队挖了一口深水井，安装了饮用水过滤器，但还是达不到饮用标准，官兵们经常出现腹胀、腹泻等症状。特别是新兵刚到队，水土不服，要适应很长一段时间。官兵们深有体会地说：“新兵到中队，要拉1天肚子、吊3天盐水瓶子。”中队党支部并没因为条件艰苦降低工作标准，积极营造“当幸福士兵，守幸福森林，建美丽家园”的和谐氛围，在“无人区”里开垦出了生命绿洲。

为解决吃菜难，官兵们自己动手开垦“荒地”的故事尤为感人。几年前，他们扛着铁锤和铁锹，在两米多厚的冻土层上进行土壤改造，到3公里外河滩上挖黑土、捡石头、背砂子，凭着手抬肩挑，建起10亩良田、3个温室大棚和1个暖气调温菜窖。如今，即使大雪封山也能吃上自己储藏的土豆、小白菜等自给菜。官兵们夏天吃上自己种的黄瓜、西红柿等新鲜蔬菜，心里特高兴。

如今，优美的营区环境、融洽的官兵关系，为官兵扎根警营建功立业提供了广阔舞台。中队成立以来，先后涌现出首届“武警森林部队十大绿色卫士”上士郭喜、“以队为家好干部”殷坚、“雷锋式好班长”韩平等一大批先进典型。

护林灭火当先锋，在传承光荣中接受检验

中队所在地额尔古纳市莫尔道嘎镇，自古有着蒙古乞颜部落尚武精兵的传统。他们为保护东北大兴安岭付出了鲜血，也因此扬名全国。1987 年 5 月，席卷了相当于 15 个半新加坡的土地，焚毁了 430 万平方米木材的大兴安岭特大森林火灾发生，中队当时作为扑救火灾的骨干力量之一，勇往直前，全然不顾生命危险，舍身切断火源，扼守防线，被誉为“红孩儿敢死队”。

厚重的历史成为官兵强化战斗精神的催化剂。中队党支部注重用好身边的“活教材”，引导官兵树立使命感和责任感，确保东北大兴安岭原始林区绝对安全。

2002 年 7 月 28 日，北部原始林区因雷击发生森林火灾，烈火浓烟包围了一个油库，一些群众手足无措，有的人无望地向院里泼水，以求能有一块生存之地；一位老大爷跪倒在地，迎着火头直磕头，乞求神灵保护，而真来保护油库和人民生命财产的是被称作“红孩儿敢死队”的森林消防指战员。当大火像墙倒一样扑过来时，带队干部端着往复式水枪首先冲进烈火中，战士们也勇往直前，肩扛风力灭火机猛烈扫射。防火服冒烟了，防火安全帽烤软了，裸露的脸部被灼得冒油，他们全然不顾。在与火魔近一个月的较量中，先后转战 5 个火场，扑灭火线 50 余公里，徒步奔袭近千公里，每天休息时间不足 2 小时，10 余名刚入伍的新兵因不适应高强度行军，小腿肿得像生茄子又紫又硬，许多官兵因为连续转场晕倒在火线旁。最后，油库保住了。

2006 年 6 月，伊木河突发森林火灾，时任中队指导员吴迪带领

党员“突击队”，在索降到离地面20多米的高空时，身体失去平衡刮在树干上，鲜血顺着裤管流了下来，落地后简单包扎一下，继续投入战斗。士官王宪国抱着灭火机紧贴山脚，半跪在地上扑火，脸被吹起的火星烫出6个水泡，膝盖磨出的血和衣服粘在一起，仍然不下火线。在艰苦卓绝的扑火战斗中，在常人难以忍受的艰难面前，官兵们表现了特别能吃苦、特别能战斗、特别能忍耐的顽强作风，一次又一次确保了原始林区安全，中央军委参谋部专门致电为中队请功。

中队组建以来，先后参加扑灭火灾400余起，重特大森林火灾30余起，独立扑救初发火220余起，先后有1人荣立一等功、2人荣立二等功、125人荣立三等功、54人受到内蒙古自治区表彰。由此，中队党支部总结积淀形成了“忠诚、坚守、创业、乐观”的奇乾精神，激励着一代代官兵扎根林海、苦中作为。

把个人理想融入实践，听党话跟党走

奇乾中队距支队数百公里，不仅没有“山高皇帝远”的松懈思想，反而始终扭住党支部建设不放松。2005年2月，刚到中队任职的指导员任文军组织召开支部民主生活会，7名支委开展了对他的批评，让任文军始料不及。原因是他在讲解理论的课堂上，拿着一本《树立和落实科学发展观》照本宣科，念完就下课了。在民主生活会上，士官支委韩平直言道：“你讲的课枯燥简单，很多战士反映听不懂、不愿听。”其他支委也坦言指出：“给大家上课不能马虎，要履行好指导员开展政治教育的职责。”

“在中队，对党忠诚不是一句空话，而是体现在实际生活中，体现在官兵友爱、兵兵友爱的日常生活中，体现在完成急难险重任务上。”内蒙古森林消防总队政委田顺柱介绍，中队始终秉承“接风吸尘会”的习惯，坚持给新任主官提出要求，使中队的光荣传统得到传承发扬；给刚提升的干部指出问题，以防止骄傲自满；给调出中队的干部提出希望，用真诚的建议为他们送行。据统计，从这里走出了2名将军、11名师职干部和25名团职干部。

每当官兵遇到困惑时，党员骨干就主动靠上去、拉一把。战士张晓斌家人因宅基地划分与当地老百姓产生纠纷，父亲被殴打致伤，渐渐产生回家报复的怨气。原中队长尚国义得知这一情况后，随即赶往四川省凉山州木里县城，与当地县政府和公安部门积极联系，使其家人得到赔偿，并依法追究了当事人责任。老班长郭喜，多次代表支队参加军事技能比武，但由于两次没能提成干，渐渐灰心丧气，失去信心。认为自己没后台，进而对中队党支部失去信任。时任指导员贺虎林用自己和其他干部的经历教育郭喜说：“我们几个都是农家子弟，都没有后台，党支部既不会埋没一个人才，也不会无原则地照顾，任何时候都要相信组织。”随后，大家帮助郭喜分析提干落榜的原因，明确了努力方向。2012年，经过层层推荐选拔，郭喜获得森林官兵最高荣誉“绿色卫士”称号，荣立一等功。

党支部的凝聚力主要来自于官兵心中的公信度和执行力。奇乾中队坚持50多年不变的“党员恳谈会”“决策听证会”等制度，成为评判工作绩效、参与重大决策、解析难点问题、发挥民主权利的平台。有一次，中队党支部决定用结余经费为每个班级购置热水器，在召开支部党员大会的时候，除5名支部成员外，有7名党员因发电机正在发电，担心影响日常工作，反对这一决定，后经举手表决，购买了科教类书籍。队员赵志超是今年1月份下连的大学生，在一次军人大会上，他指出图书室开放不经常、训练挤占业余时间、干部讲话爱

“抓辫子”等中队存在的 12 个问题，经党支部研究决定，最终有 9 条合理建议被中队采纳，并及时整改。近 5 年来，中队有 15 人选改士官、2 人保送入学、19 人入党、25 人选送技术学兵，全是群众、组织认定的优秀士兵。

（《中国林业》，陈维奇）

大兴安岭作证，奇乾的兵个个像樟子松

北纬53度，祖国版图“鸡冠”顶端，与北极村漠河同纬度的大兴安岭腹地。

这里，不通市电、不通公交、不通邮政，距最近的城镇146公里。

这里，6月密林间的冰雪还未完全消融，10月就已是漫天飞雪。

这里叫奇乾。20世纪60年代，武警内蒙古大兴安岭森林支队莫尔道嘎大队奇乾中队就在这里扎下了根。

半个世纪，一茬茬官兵坚守“林海孤岛”，默默守护着这里近百万公顷未开发的珍稀原始森林，把忠诚镌刻在北纬53度。

有一种忠诚叫坚守——“即使我倒下，也是倒在为国尽忠的战位上”

那一刻，军嫂陈丽委屈地哭了。

2009年“五一”，时任中队指导员赵国明的爱人陈丽特意请了一个星期的假，带着女儿来队探亲。为了给丈夫一个惊喜，她事先没有说。

出了机场，坐一宿火车，再换乘汽车。跨过激流河，穿过白鹿岛，尽管砂石公路颠得人头昏脑涨，陈丽心中的甜蜜却越来越浓：奇乾近了，大半年没见面的丈夫也近了！

终于到奇乾了，陈丽满心欢喜地下车，迎面却是中队正要出征火场的车队。看到突然出现的妻子和女儿，坐在头车副驾驶位置的赵国明也是一愣。但是，任务紧急，部队就要开拔，赵国明只来得及摇下车窗，喊了一句："等着我，我们很快回来！"

第一天，陈丽带着女儿守在中队大门口，痴痴守望着砂石公路尽头，祈祷着下一刻就能看到中队凯旋的车队。然而，一整天，茫茫林海不见人影。

第二天，第三天，失望依旧……第六天，陈丽带着女儿踏上归程，4 岁的女儿懵懂地问："爸爸怎么还不回来？爸爸不要我们了吗？"陈丽紧紧搂着女儿，委屈的泪珠不断线地滑落。

半个月后，完成灭火任务的官兵回营。顾不上洗把脸换身衣，赵国明急匆匆拨通妻子的电话："小丽，真对不起，没想到火情这么严重。"

"……"

"小丽，我也很想陪陪你们。但是，我是军人，我有使命在肩。"

电话那头，陈丽泣不成声……

使命如山，信念如磐。在奇乾，使命二字重千钧。

扑火间隙休息时，一棵过火的大树突然倒下，树枝扫在战士秦大军背上，他整个人横飞出去 3 米多，重重摔在地上。战友们扑上去，抱着他使劲摇，大声呼喊他的名字。

几分钟后，秦大军苏醒过来，流着血的脸上勉强挤出一丝笑容："我没事，歇会就好了。"

事后，同班战友卜晨光问他："当时太危险了，你真要出了事，家里人怎么办？"秦大军沉默了一会，说："真有那一天，父母亲人会以我为荣。"

"使命是什么？就是比生命更重要的东西！"说起这些故事，中队指导员贺虎林话语铿锵，"当兵到奇乾，为祖国守护战略资源，我们都有信念萦怀：即使我倒下，也是倒在为国尽忠的战位上！"

参加灭火作战400余起，独立扑救初发火220余起……中队荣誉室里，内蒙古自治区政府授予的"北疆森林卫士"荣誉称号锦旗，无声见证着半个世纪来官兵坚守使命的忠诚。

有一种成长叫担当——"奇乾的兵个个像樟子松，岩石上也能扎下根"

那天，中队长尚国义哭了。

挺进火场已经3天，明火基本被扑灭，中队官兵沿着隔离带巡查火情，清理余火。

一阵凉风突然吹过，天空开始掉下豆大的雨点，瓢泼大雨紧随而至。火场上无处可躲，尚国义全身被浇透，冻得浑身哆嗦，牙齿咯吱咯吱直打架。

山里的雨，来得快去得也快。不久云散雨停，尚国义刚抹了一把脸上的雨水，眼睛突然定格了：不远处，新兵张鹏飞正紧紧抱着一根黑乎乎、冒着热气的过火木取暖。一米六的小个，怀里的木头比他还高，衣服上、脸上、手上被木炭涂得黑一块灰一块。

尚国义心里忽然一阵发疼。他走过去，拍拍张鹏飞的肩："鹏飞，当兵挺苦吧？"

“报告中队长，有点苦，但是我不怕！”张鹏飞大声说着，扔掉怀里的木头，举起右手敬了一个军礼。

尚国义举起手郑重还礼，然后俯下身，扶起那根还在冒着热气的焦木，塞到他怀里。

转过头，尚国义感到脸上凉凉的，泪水刹那间已奔涌而出。

“那是心疼的泪！他刚满 17 岁，还是个孩子啊。”回想起那一幕，尚国义眼中仍有泪花闪动，“当然，那也是感动的泪。17 岁，当很多同龄人还在父母身边撒娇，他已经在为祖国站岗！”

奇乾的兵，大多是像张鹏飞一样的 90 后，在父母眼里，就是个孩子。可是，走进林海孤岛，他们很快成长为坚强战士，懂得了什么是军人使命，什么是为国担当。

“咔嚓……”那年 6 月，随着一声惊雷炸响，雷击火引发森林大火，20 多米高的树冠火向当地一座油库快速逼近。

官兵们在火头必经之地开挖隔离带，大火肆无忌惮地扑来，防护镜在高温下慢慢变软，风力灭火机被烤得烫手。

火线动员，中队干部就一句话：“同志们，背后就是祖国和人民，我们一定要打赢这场灭火战！”

苦战！鞋底烤化了，塞一把草垫上；头发眉毛烤煳了，脸被燎起串串水泡，拧开水壶浇一浇……

在距油库不到 300 米的地方，滔天大火被顽强的官兵成功阻截。

余烟袅袅的火场旁，前来慰问的军地领导和群众眼眶湿了：满身油烟炭灰的勇士们，或倚着树干，或靠背而坐，嘴里还衔着干粮，却已鼾声阵阵……

中队四周，山冈青翠。松林以樟子松为主，在光秃秃的岩石上，在不见寸土的悬崖边，都能看到樟子松顽强地扎下根，长出参天

枝叶。

一位从奇乾走出去的将军故地重游时曾动情地说：“奇乾的兵个个像樟子松，只要祖国需要，就是岩石上也能扎下根，冻不死、吹不倒、旱不垮。”

有一种奉献叫无悔——“大兴安岭作证，满山的达子香就是我的新娘”

与“吹灯兵”郭喜促膝而谈，记者不禁落泪。

上士郭喜，奇乾中队现役最老的兵，他的士兵履历上是一连串的优秀：优秀士兵、优秀班长、优秀共产党员，二等功臣，2012 年当选武警森林部队“十大绿色卫士”，2013 年荣获全军士官优秀人才奖一等奖……

然而，这个阳光帅气的小伙，先后谈了 4 个对象都没成，年近而立还是单身，被官兵送雅号“吹灯兵”。

“其实，每次相亲见面，姑娘对我感觉都不错。但一回到部队，感情联系少了，对方就不太乐意，追着问我什么时候退役回家。可我实在放不下奇乾，只好含糊地说再等等。然后，就没有然后了……”说起相亲那些事，郭喜摇头苦笑。

“为啥舍不得离开奇乾？”记者追问。

一句“舍不得”，似乎触动了郭喜：“很多人问我，奇乾苦不苦？说不苦，那是骗人的。冬天大雪堵门，早上得从窗户爬出来掏门；夏天蚊虫满山，上趟‘大号’屁股上全是包；一年四季，见个生人比见珍稀动物还难；以前不通电话，前两年刚有了手机信号，很不稳定，打电话得满院子转着找信号……”

说到这里，郭喜话锋一转：“奇乾的确苦，但是我真的热爱这儿，在这儿我为祖国站岗放哨，我感到自己实现了人生价值，心里很幸福。”

记者相信，这不是他在唱高调，而是一个战士在报效祖国的同时，从内心深处完成的精神重塑。

又是秋风起，将士卸甲时。今年也是郭喜服役的第 12 个年头，他又一次面临走与留的抉择。没有任何犹豫，他提交了留队申请。

“如果留下，意味着你可能还要单身下去，不后悔吗?”

指着窗外的青山，这名朴实的士兵说出了也许是他平生最浪漫的一句话：“就是单身一辈子，我也不后悔。大兴安岭作证，满山的达子香（当地一种野花）就是我的新娘!”

那一刻，群山回应，松涛如海。

模糊泪光中，记者仿佛从这个身材并不魁梧的士兵身上，看到了半个世纪里坚守林海孤岛官兵的寂寞背影，看到了和平年代无数平凡中国军人的崇高身影。当战火渐远，他们的存在，往往被身在和平幸福中的人们不经意地淡忘。但是，就算无人瞩目，他们依然坚守在高山密林、大漠边哨、碧海孤礁，为祖国的和平安宁默默奉献着，日复一日、年复一年，不言苦、不言悔。

（《解放军报》，2014 年 10 月 24 日，夏洪平、陈维奇、温柏志）

守望辽阔的大兴安岭

额尔古纳河波光粼粼蜿蜒流淌，樟子松和白桦林层林尽染交相辉映，在神话般的大兴安岭原始森林腹地，奇乾，就像一块晶莹剔透的翡翠，镶嵌在祖国版图“雄鸡”之冠。那是横亘在北纬53度区域内的95万公顷寒带森林，是我国唯一集中连片的原始林区。50多年来，武警内蒙古森林总队大兴安岭支队奇乾中队一代代官兵，用青春热血和忠诚护佑着这块绿色瑰宝的纯净安宁。

坚守生态保护战场前沿

背倚苍狼山，头枕阿巴河，奇乾中队的营房在高远的大兴安岭深处显得那样恬淡、静谧，犹如人间仙境。然而，踏进营门，抬头望，苍狼山上用白桦木拼嵌的“尖兵”二字令人警醒：这里已是祖国北疆森林防护战场前哨。50年间，400多次鏖战火场，牢牢拧紧了官兵心中“火情”这根弦。

夏季应该是大兴安岭最舒适的季节，可是，服役10多年的上士卜晨光却“一到夏天，心就发慌。有时中午听到雷声，整个晚上都睡不着，生怕哪片林子被雷击着了火。”

大兴安岭北部独特的气候条件导致夏季干雷暴多发，极易引起森林火灾。山高林密、灌木丛生的原始环境，又给火灾扑救平添了诸多困难。2002年7月28日发生的那场特大夏季雷击森林火灾，1万余名森林部队官兵和6万余名地方群众历时一个月才将肆虐的大火扑灭。

“当兵10多年，参加灭火作战四五十次，记忆最深的还是伊木河保卫战。”卜晨光对记者说。

2006年6月5日中午，伊木河林区因干雷暴引发森林大火。20多米高的树冠火“轰隆隆”向边防部队的哨所和战备油库逼近，上级命令奇乾中队不惜任何代价保卫重要目标安全。

火场温度实在太高了，灭火风机烤得烫手，鼻子被烤得冒血，滴答滴答往下滴，防火鞋底被烤化了，防护镜也慢慢地变软，有的战友昏倒在了火线上。一棵过火大树突然倒下，生生将战士秦大军身旁的水箱砸成碎片，大家都惊呆了，而秦大军却说：“不怕，就算光荣了，我还有个弟弟孝敬老人。”

在这片原始林区，岁月堆积出厚厚的地被腐殖质层。明火虽然一次次被扑灭，但地下火却在高温天气下不断复燃，开挖灭火沟是扑灭地下火的有效方法。可是，面对海绵一样的腐殖层，铁锹根本无用武之地。为了加快扑火速度，官兵们用双手开挖隔离带，许多战士的手划出了口子，烧出了水泡，鲜血淋漓……

10个多小时鏖战，终于把大火挡在了战备油库300米之外，多处重要边防设施保住了，北京军区专门致电总参谋部为奇乾中队请功。

自1963年建队以来，奇乾中队共参加灭火作战400多起，其中重特大森林火灾30余起，独立扑救初发火220余起。中队先后荣立集体二等功2次，三等功1次，被林区群众赞誉为“原始林区守护神”。2012年，被内蒙古自治区政府授予“北疆森林卫士”荣誉

称号。

武警内蒙古森林总队政治部主任张福彦感叹说：“奇乾中队是武警森林部队驻防大兴安岭林区的战略前哨，就像钉子一样牢牢钉在原始林区，是生态战场上的坚强堡垒。”

林海孤岛锻造绿色卫士

从大兴安岭森林支队机关驻地牙克石到奇乾，600 余公里路途大多在密林中穿行。手机信号时有时无，到了深山老林中的奇乾，就基本“与世隔绝”了。中队管护区南北相距 90 公里，东接黑龙江，北邻额尔古纳河，边境线长 200 公里。这里年最低气温零下 50 摄氏度，无霜期不到 70 天，每年近 5 个月大雪封山，交通阻隔。然而，“山高皇帝远”的驻防境况，丝毫没有让中队党支部降低“建队育人”的工作标准。

2008 年，支队对所属各中队进行年度考核，奇乾中队因训练场建设不达标被扣了分。定评会上，考虑奇乾中队所处地理环境特殊，硬件建设不能与山下中队相提并论的实际，考核组建议支队党委少扣或不扣分。可中队党支部偏偏“不领情”，拒绝了上级的照顾。为甩掉“后进”的帽子，依照实战化要求，党支部组织官兵们手抬肩扛，在原始林地建起了全部队首个野外综合训练场。第二年，中队因自建能力突出被内蒙古森林总队评为先进中队。

中队党支部坚信，在生态战场上，小中队也有大作为。为锻造能打胜仗的生态劲旅，他们不断加大实战化训练力度，每周组织全员负重登山，每月组织“班级对抗赛”，每季度针对不同季节、地形、植被特点开展进山入林训练，探索总结出“轻装前出打小、重装跟进封控”等多种常用灭火战法，24 小时扑灭明火率达 95%以上。

营院后山，阿巴河边，中队官兵建起一条文化长廊和一件件艺术作品，彰显出官兵们“扎根边陲、笑傲风雪、充满生机、昂扬向上”的壮志豪情。

上士郭喜是从燕赵大地走进林海雪原的老兵，12 年历练和钻研，使他成为森林部队出了名的技术多面手。鏖战火海，他一马当先科学扑救；维护装备，30 多种灭火器材了如指掌。奇乾这个林海孤岛不通电，柴油发电机是官兵们工作生活的唯一依靠。2010 年，老技师退伍了，管护发电机的重任落在郭喜肩上。凭着咬定青山不放松的“樟子松精神”，入伍时只有初中文化的他，硬是啃下了几大本电工原理和柴油发电机维修保养图书。这些年来，在他精心管护下，发电机一直欢快地运转。2012 年，郭喜被评为森林部队十大“绿色卫士”。

在奇乾中队，像郭喜这样的好兵有很多很多，先后有 1 人荣立一

等功、2 人荣立二等功、125 人荣立三等功、54 人受到自治区表彰。35 人走上团以上领导岗位，其中还有两名将军。中队 2012 年被武警部队表彰为创先争优先进基层党组织，2013 年被武警森林指挥部表彰为基层建设标兵中队。代代官兵用青春热血为大兴安岭染上了一层夺目的光辉。

（《经济日报》，2014 年 10 月 19 日，李争平）

生态战场上的尖兵劲旅

北纬53度，在祖国版图“鸡冠”顶端，与北极村漠河同纬度的原始森林腹地，有一个地方叫奇乾。

蜿蜒的额尔古纳河与阿巴河在这里交汇，苍翠的樟子松和白桦树在这里掩映。就在这神秘又封闭的林海孤岛上，驻扎着一支绿色方阵。作为武警森林部队唯一驻守在原始森林腹地，担负着祖国北疆森林防护战略前哨任务的中队，这支生态战场上的尖兵劲旅，用忠诚护佑着95万公顷原始森林的安宁。

人均防火面积16000公顷

奇乾中队驻防在大兴安岭北部未开发原始林腹地，林间植被茂密，地被物厚达30公分以上，可燃物蓄载量大。独特的小气候使这里夏季干燥且多雷电，极易引发森林火灾。山高林密、灌木丛生的环境，又给火灾扑救带来巨大难度。

山高林密豪情壮，千难万险不低头！在奇乾中队官兵心中，这片林海早已融入他们的血脉。听听他们响彻云天的铮铮誓言：“珍爱绿色，珍爱我们共同的家园！践行使命，保护我们的绿水青山！”

时光折返到2002年7月28日，一场雷暴在天空炸响，原始林腹地多处燃起烈焰。火光就是命令。中队官兵第一时间赶赴战场，与火

魔鏖战 8 个小时，已是筋疲力尽。还没等官兵们喘口气，前指通知：6 公里外五号火场告急！中队奉命赶赴增援。疲惫的官兵打起精神，背起 50 多斤的装备给养，向新的战场驰援。

原始林腹地无路可走，两米多高的灌木丛遍布山间，厚厚的腐殖质层下暗流涌动，官兵们在林中艰难跋涉。6 公里的直线距离，官兵们用了近 8 个小时才抵达，所有官兵脸上、手上都被针叶刺破，腰部以下全部被冰冷的溪水浸透，可没有一个人掉队。官兵们没有片刻休整，面对熊熊燃烧的火魔，他们迎头冲上。此次灭火作战历时一个多月，中队官兵连续转场 5 次，平均每天休息不到 3 个小时，近半数官兵因为得不到休息晕倒在火线旁，可参战的 45 名官兵没有一个人后退半步！

自 1963 年建队以来，中队共参加灭火作战 400 余起，其中重特大森林火灾 30 余起，独立扑救初发火 220 余起。中队先后荣立集体二等功 2 次，集体三等功 1 次。官兵们被林区人民亲切誉为“原始林区守护神”，2012 年中队被内蒙古自治区政府授予“北疆森林卫士”荣誉称号。

18000 多个日日夜夜守护

奇乾中队身居深山老林，一年中有 5 个多月大雪封山，没有居民，不通电，不通邮，不通手机信号，官兵们过着“白天兵看兵，晚上数星星”的单调生活。但一茬茬中队官兵并没有因为条件艰苦降低工作标准，始终把“忠诚、坚守、创业、乐观”的奇乾队魂传承下来，在“无人区”里开垦出了生命绿洲。

2008 年支队年度考核时，中队因为缺少正规的训练场而被考官扣了四分。反馈会上，考核组认为中队地理环境特殊，硬件水平不能与山下单位相提并论，可以考虑少扣或不扣。可中队党支部坚持按照考核标准执行，当年没有被评为先进中队。

为摘掉后进的“帽子”，中队在缺少专业工具的困难条件下，硬是靠官兵们手抬肩扛在山坡上开拓出平整的训练场。同时，还针对实战化要求，在原始林地建起全部队首个野外综合训练场。第二年，中队不仅夺回先进，还因自建能力突出被总队评为先进中队。

在苦寂的环境中，中队官兵学会了自强不息。2003 年以前，中队官兵吃的是“补给饭”，喝的是“山泉水”，夏天萝卜土豆，冬天咸菜干粮。为让大家吃上新鲜蔬菜，中队官兵用四年时间在两米厚的冻土层上进行了一场“良田”改造工程。那段时间，人人都腰酸腿痛，甚至有几名老兵得了风湿病，可没有一个人喊苦喊累。班长林克峰确诊患有风湿后，当年被安排转业。当中队干部问他临走前有什么要求，他说，只想带走一把菜地里的土。

情系奇乾，爱在林海。上士郭喜是个把“爱情”献给大兴安岭的人。这位森林部队出了名的业务“大拿”，已经服役了 12 年。他

能打火、会养猪、种过地、能做饭。从2010年开始他又负责起中队抽水发电和锅炉取暖。初中文化的他，靠自学先后掌握12项技能，撰写10多万字的工作心得。2012年，郭喜被评为森林部队十大“绿色卫士”。然而，12年间他下山的次数一个巴掌都数得过来，阳光帅气年近而立的郭喜因偏远闭塞回不了家，四次对象都没谈成。问及得失，他笑着说：“我不纠结，我很幸福。你看，大兴安岭给我作证，满山的达子香就是我的新娘！”

像郭喜这样的人，在奇乾中队比比皆是：“以队为家好干部”殷坚、“雷锋式好班长”韩平、“自学成才小能人”卜晨光……他们如同岭上婷婷白桦，用质朴、挺秀和向上，为大兴安岭染上了一层夺目的光辉。也正因为有他们，中队连续6年被总队评为先进中队，2012年中队党支部被武警部队表彰为创先争优先进基层党组织，2013年中队被森林指挥部评为了基层建设标兵中队。

1500余张面孔照亮林海

建队以来，奇乾中队一代代官兵始终怀着对党和人民的无限忠诚，怀着对绿色事业的执着热爱，在大山深处坚守着神圣使命，在艰苦奉献中传递着森林卫士独有的豁达与乐观。

奇乾官兵与森林树木朝夕相伴，时间长了就喜欢用树来表达自己的感情。中队后山的文化长廊悬挂着一块刻着“樟子松精神”的木牌，官兵把军人比作樟子松——“扎根边陲、笑傲风雪、充满生机、昂扬向上”。白桦树更像是朝气蓬勃的战士，挺秀独立，与众不同。2008年，官兵们在白桦杆拼接的奥运五环前为北京喝彩；2009年，官兵们在白桦杆组成的中华人民共和国地图前为祖国祈福……白桦树成了承载官兵感情的寄托。上士李应广谈了几个对象始终不成，新谈的女朋友因为长时间没有交流恐怕又要“吹灯”。战友们就给他出主意——用白桦树皮给女孩儿写封情书，没想到很快接到回信。女孩儿不仅接受李应广爱的表白，还计划来部队看看他。于是，大家又齐动手做了一个白桦杆的“心”。当女朋友接到这枚特殊的礼物后，真的把心交给了对方。

巍巍大兴安岭，人生壮美大舞台。艰苦的环境给予官兵成长的养分。先后有 1 人荣立一等功、2 人荣立二等功、125 人荣立三等功、54 人受到自治区表彰。中队组建以来，从这里走出 2 名将军、11 名师职干部和 25 名团职干部。许多复员回到地方的官兵也都成为各行业的佼佼者。这些老兵经常会回中队走走看看，为官兵们买些书籍和生活用品。聊天的时候，他们总会说，曾经苦中有乐的奇乾日子，是自己这辈子最珍贵的记忆。

奇乾中队官兵闲暇时喜欢唱歌。他们唱《当兵的人》，唱《说句心里话》，唱《当你的秀发拂过我的钢枪》。但是他们最爱唱的是《守望边疆》：“登上巍巍的大兴安岭，婷婷白桦满山岗。走进青青的呼伦贝尔，蓝天百鸟竞飞翔……”官兵们的歌声回响在万顷林海的上空。

（《法制日报》，2014 年 10 月 30 日，陈丽平、陈维奇）

把忠诚镌刻在巍巍兴安之巅

奇乾，一个大多数国人都很陌生的地方。这里地处内蒙古大兴安岭腹地，毗邻中俄边界，界河额尔古纳河静静地流淌千年。

生存条件恶劣，奇乾建制几经波折。人口最多时称为奇乾县，有一万多人；后来随着人口陆续迁移，奇乾县被裁撤；近年随着森林旅游兴起，奇乾恢复乡建制，但目前也仅仅有 7 户人家。

不同于奇乾的变迁，有一支部队自 1963 年开始驻防就从未离开，他们 50 年如一日，甘守寂寞，不畏艰苦，用热血和忠诚精心守护着 95 万公顷我国唯一集中连片的原始森林。

驻防原始林区的战略前哨

背倚苍狼山，奇乾中队的营房静静伫立在大兴安岭的原始林区。这里距离中俄边境仅仅 5 公里，距离最近的小镇莫尔道嘎却有 146 公里，人烟稀少，人迹罕至。

苍狼山，相传是一代天骄成吉思汗祖先的居所，果敢、勇猛、忍耐与顽强是苍狼的秉性。前往奇乾，远远看见的是苍狼山上中队战士们用桦树皮和废旧铁皮制作的大字：“尖兵”“永远做党和人民的忠诚卫士”。苍狼的血性已经融入奇乾中队的血脉中。

奇乾中队成立于 1963 年 4 月 27 日。一人一马一杆枪纵横茫茫林海雪原，成立初期，中队的主要任务是清山剿匪、护林防火。此后50多年，无论奇乾建制如何变迁、武警部队如何转隶，奇乾中队驻地从未变更，编制从未取消，始终与这片广袤的原始森林做伴。

“奇乾中队就像钉子一样钉在原始林区，是森警部队驻防大兴安岭林区的战略前哨，是生态战场上的坚强堡垒。”武警内蒙古森林总队政治部主任张福彦说。

奇乾中队管护区南北长90公里，有200公里的边境线，无霜期不足70天，最低气温零下50多摄氏度。“这是祖国唯一的原始林区，生态价值不可估量，习近平主席视察内蒙古时还专门提到了这一地区。一旦发生森林火灾，奇乾中队将确保第一时间发现、第一时间到达火场、第一时间参与扑救。”奇乾中队中队长尚国义告诉《中国绿色时报》记者。

忠诚坚守创业乐观的奇乾精神

唯一一条林区道路与外界联系，一年四季，奇乾中队59张面孔相守365个日日夜夜。

不通水，战士们冬天凿冰化雪，夏天就从河里取水，盛水的水缸常年养着鱼，因为鱼活着，水质就没有问题；不通电，就自制发电机，每天固定的发电时长，一旦发电机出问题，与战士们相伴的就剩下漫天皎洁的星光；没信号，与家里打卫星电话报平安有时候要等几个月时间，信件成为中队与外界最可靠的联系方式；冬天大雪封山，给养无法保障，战士们就土豆炖粉条、粉条炖土豆一吃几个星期，对着皑皑白雪畅想肉的味道。

也许，不用花钱算得上是奇乾中队的最大优点，见不到外人，更

没有可供消费的地方，战士们习惯了自己动手、丰衣足食，种菜、洗衣，制作米画、版画，毛泽东、邓小平、江泽民、胡锦涛、习近平的画像威严中带着可爱，栩栩如生。

“刚刚过去的两三年，中队条件改善了不少，打了一口深水井，申请了一个电信的基站，但是相对于外面的繁华，战士们的生活依然是单调的、寂寞的。”奇乾中队指导员贺虎林说，也许从大都市武汉来到奇乾的他最能体会这种寂寥的感觉。

一年中很少有时间能够见到陌生人，更不用说异性，奇乾中队的战士们将最好的青春留在了大兴安岭高高的白桦林里。目前，中队59个人仅有3人结婚。而与这个数字形成鲜明对比的是，50多年来，中队先后荣立集体二等功两次，128人荣立个人战功，54人受到自治区表彰。从奇乾走出了2名将军、11名师职干部、25名团职干部。

去年春节，中队长尚国义的妻子到中队探亲，辗转几趟火车到达莫尔道嘎，却因为大雪封山无法前往奇乾，一等就是3天。第四天终于有车辆可以上去，从早上出发，146公里的路程一直走到晚上7点才到达中队驻地。冬夜漆黑，突然几十只手电亮光闪动，温暖了原始森林的寒夜——中队的战士们自发在雪地里迎接亲人的到来。

“中队就像一家人，大家亲如兄弟，有着共同的责任和使命，不舍得离开。”“十大绿色卫士”郭喜说出了中队战士的心里话，从18岁入伍到30岁，郭喜将人生中最美好的12年时光献给了绿色大兴安岭，没有抱怨、没有后悔，只有留恋和不舍。

“忠诚、坚守、创业、乐观”，奇乾精神激励着一代又一代的中队官兵扎根原始林海，坚守在北纬53摄氏度的冰天雪地，从来没有一个战士退缩，没有一个战士主动要求调离。

守护北疆的森林卫士

2002 年 7 月 28 日，一场雷暴在天空炸响，原始林腹地多处燃起熊熊火焰。奇乾中队 45 名官兵第一时间赶赴火场，与火魔鏖战 8 小时，筋疲力尽。但没等战士们休整，上级命令：6 公里外 5 号火场告急，火速增援。中队官兵二话没说，再次背起 50 多斤的装备给养，向新火场驰援。

原始林区无路可走，荆棘灌木遍布山间，战士们艰难跋涉，所有人脸上、手上都被针叶刺破，腰部以下全被冰冷的溪水打湿，但没有一个人掉队。战士王宏远的脚被树杈扎伤，鲜血和冰冷的河水腻在一起，袜子都脱不下来。此次灭火作战前后历时一个多月，奇乾中队转战 5 个火场，平均每天休息 3 个小时。

不畏艰险、不怕困苦、连续作战、敢打必胜，奇乾中队在火场上打出了军威。在北部原始林区森林管护局奇乾管护站站长余景涛眼里，奇乾的兵最朴实、最勇敢，也最让人敬佩。内蒙古大兴安岭林管局负责森林防火工作的王伟这样评价："火海滔滔方显英雄本色，奇乾中队是历经火场考验、党委政府百姓信得过的灭火作战部队。"

2006 年仲夏，伊木河发生森林火灾，威胁原始樟子松林和边防连队油库安全，情况危急。奇乾中队组成党员突击队迅速开挖防火隔离带，突然一棵朽木倒下，生生地将战士秦大军眼前不到 1 米远的水箱砸成碎片，战士们都惊出一身冷汗，而秦大军继续投入战斗："不怕，我还有个弟弟孝敬老人。"

10 个多小时的奋战，油库保住了，林子安全了。而大战之后的中队战士满脸油烟，嘴里叼着干粮依着树干就睡着了。伊木河保卫战

结束，北京军区专门致电总参谋部为奇乾中队请功。

建队以来，奇乾中队共参加灭火作战400余起，其中重特大森林火灾30余起，独立扑救初发火220余起。官兵们被林区人民亲切地称为“原始林区守护神”，2012年被内蒙古自治区政府授予“北疆森林卫士”称号，连续7年被总队表彰为基层建设先进中队，2013年被森林指挥部表彰为基层建设标兵中队，被武警总部评为“创先争优先进基层党组织”。

（《中国绿色时报》，2014年9月3日，焦玉海、陈维奇）

北纬53度：穿越火线　踏雪而归

在大兴安岭西麓、中俄界河额尔古纳河旁，有一处“林海孤岛”。那里是高寒山林气候，即使是夏季，夜晚的温度最低可达零下20摄氏度。

那里就是北纬53度、东经120度，位于我国版图上鸡冠顶端的内蒙古自治区额尔古纳市奇乾乡。

这里不通市电、不通邮政、不通网络，虽然与世隔绝，却没有田园牧歌，也不是世外桃源。人，是奇乾乡最稀有的动物之一。

就在这寂寥之地，我们结识了武警大兴安岭森林支队奇乾中队。这支仅有50多人的森警队伍担负着我国唯一一片集中连片未开发的原始森林大兴安岭北部原始林区的安全，林区面积约95万公顷，人均防火面积相当于24000个标准足球场。他们冬春季反盗猎、夏秋季防火灭火，将青春与雪林相融。

极寒与火场的挑战

胡彭冲说，他当初是抱着“世界那么大，我想去看看”的想法入伍的，但奇乾乡给了他一种全新的人生体验。让他印象最深的，是2014年4月30日的打火行动。那天，中俄边界大火烧到了奇乾中队防区，战士们乘坐直升机直奔火场，冒着被火烧伤、

被树木砸伤的危险在火头必经之地开挖防火隔离带，预防火线的蔓延。4个昼夜的作战中，他们的防护镜在高温下慢慢变软，鞋底被烤化了，头发眉毛烤煳了，脸被燎起串串水泡，后背却还冻得生疼。

今年18岁的魏征出生于吉林延吉，家乡最冷的时候是零下20摄氏度，他觉得自己还受得了。可冬天的奇乾乡，夜晚最低温度能达到零下52摄氏度。魏征的手脚很快就冻裂了。

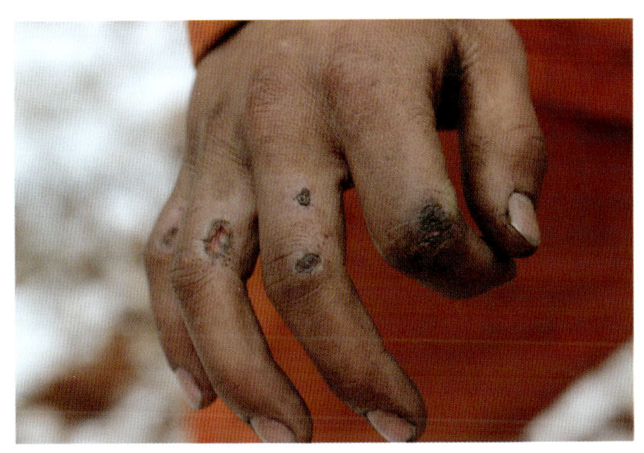

“有一次从外面打水回来，发现裤子都被冻硬了，能立起来，自己都想笑。”面对极寒的艰苦环境，魏征和战友都学会了乐观生活。

与自然抗衡，更与自然共生。每逢冬季，炊事班副班长屈振蓬都会把雪糕和肉放到室外，“冬季太阳能和发电机供电不足，自然环境远比冰箱靠谱得多。”

他们还发明了娱乐项目“河道足球”。进入冬季，河水都结了一米多厚的冰层，战士们经常在上面踢足球，玩得不亦乐乎。

寂寞与情感的考验

除了忍受身体上的寒冷，这些森警汉子还要承受情感上的落寞。奇乾中队花名册显示，中队官兵平均年龄只有23岁，且90%是“90后”。除了已经结婚的，仅有杜宇一人有女朋友。

“从高中到现在，我和窦欢已经恋爱9年。有一个女孩愿意用青春等我9年，实在幸福。”谈到女朋友，杜宇的笑容里写满快乐与心酸，“这么多年，情人节等节日几乎与我们无缘。我已经和父母说好了，明年我就把窦欢娶回家，用一辈子守护她，给她一个更好的未来。”

其他战士在爱情上并没有杜宇这般幸运和幸福，很多人刚刚利用年假和女孩联系上，便返回杳无人烟的森林，恋情也就无疾而终。

但他们却收获了一帮战士兄弟和一群狗“伙伴”。在很多部队都有一些警犬，它们有战斗编制，享受伙食费，执行特殊任务。但奇乾中队的编制里，没有警犬，这些狗只是为战士驱赶了无数孤寂的生活“老友”。“黑球”和“口罩”总会在开饭前与官兵一起集合站队“唱歌”——战士们唱，它俩便跟着叫；战士唱完，它们也不叫了。还有一只曾陪伴他们多年的“二狼”，官兵曾将它送下山就医，想为它寻一个温暖的地方安度晚年。没想到“二狼”半路把绳子咬断，拖着残腿回到奇乾。“二狼”死后，战士们在营区旁的白桦林为它选了一块稍高出地面，不潮湿、水也淹不到的地方作为墓地。后来，他们在路上看到一个形状与“二狼”相似的树根，还特意捡了回来，放在营区作为永久的纪念。

简单而遥远的梦想

森林里有朋友，但还有一种叫“草爬子”的害虫，一旦被它咬到，人会瘫痪甚至死亡。

大学生士兵宋昊南第一次被草爬子咬到时，忐忑不安。手臂上的草爬子使劲儿往肉里钻，可另一只还死死地趴在那。班长将点燃的烟头戳在他手上，“别急，才只进去一个脑袋，我帮你把它弄出来”。那种疼痛，让宋昊南想死的心都有了。

可第二次被咬时，他一声没吭，自己就处理了。战士们都说，在奇乾乡，没有伤病就是幸福，有了伤病能得到及时的医疗救助就是最大的梦想。

艰苦的环境磨炼人的心性。这支从1963年建队以来，一直驻守在原始森林深处的中队已走出2名将军、11名师职领导和25名团职领导，许多复员返乡的官兵也成为各行各业的佼佼者。

士晕倒，浇壶水淋醒了再上；火把鞋底烤化了，塞进一把草穿上再上。10 个多小时的奋战，火头顶住了，油库保住了，森林安全了。大战之后的战士满脸油烟、嘴里叼着干粮，倚着树干睡着了。北京军区专门致电总参谋部为奇乾中队请授集体二等功。

自 1963 年建队以来，奇乾中队共参加灭火作战 400 余起，其中特大森林火灾 30 余起，被林区人民誉为“原始林区守护神”，被内蒙古自治区政府授予“北疆森林卫士”荣誉称号，荣立集体二等功 2 次，集体三等功 1 次。

“满山的杜鹃花就是我的新娘”

奇乾中队驻地一年中有 5 个多月大雪封山，只有 5 户居民，不通电，不通邮政，不通手机信号。“穷地方，苦地方，建功立业的好地方”，奇乾中队官兵以苦为乐，乐中有为，用钢铁意志和坚定信念锻造着奇乾性格。

林海寂静，严寒酷暑，野兽出没，官兵们靠勇敢和毅力与危险孤独抗争。他们手抬肩扛在坡岭开出平整场地，在原始林地建起野外综合训练场。从 2003 年开始，中队官兵在两米多厚的冻土层上进行一场“良田”改造，奋战四年时间，终于吃上新鲜蔬菜。

在奇乾中队，服役 12 年的老兵郭喜是森林部队出了名的业务“大拿”。初中文化的他，靠自学掌握了 12 项技能。2012 年，郭喜被评为森林部队十大“绿色卫士”。然而，年近而立的郭喜因中队驻地偏远闭塞，尚未成家。问及得失，他笑着说：“你看，大兴安岭给我做媒，满山的杜鹃花就是我的新娘。”

“樟子松精神”代代传

奇乾官兵与森林朝夕相伴，日久生情，喜欢用树来表达自己的内心。中队后山的文化长廊悬挂着一块刻着“樟子松精神”的木牌，官兵们像樟子松一样，“扎根边陲、笑傲风雪、充满生机、昂扬向上”。

去年，官兵在拉练途中发现一块巨石，他们把石头立在营区花坛中央，刻上一个“乾”字。战士们说，“乾”字既是我们中队的队名，也寓意着自强不息。中队组建以来，有1人荣立一等功、2人荣立二等功、125人荣立三等功、54人受到自治区表彰，2名将军、11名师职干部和25名团职干部从这里走出。

“登上巍巍的大兴安岭，婷婷白桦满山冈。走进青青的呼伦贝尔，蓝天百鸟竞飞翔……啊，北疆林海，你是我热爱的地方。我要用青春和生命，日夜把你守望!”中队官兵最爱唱歌曲《守望边疆》，他们的歌声在大兴安岭飘荡，回应他们的是万顷林海的松涛阵阵。

（《光明日报》，2014年10月22日，陈维奇、邦威、温柏忠）

雄鸡版图顶端的绿色方阵

北纬53度，在祖国版图“鸡冠”顶端，与北极村漠河同纬度的原始森林腹地，有一个地方叫奇乾。

在这神秘又封闭的林海孤岛上，驻扎着一支绿色方阵——武警部队唯一驻守在原始森林腹地、担负着祖国北疆林区防护战略前哨任务的奇乾中队。

这支生态战场上的尖兵劲旅，50多年来，用忠诚守护着95万公顷原始森林的安宁与庄严。荣誉是最好的说明：该中队先后荣立集体二等功2次、集体三等功1次，官兵们被林区人民亲切誉为“原始林区守护神”！近日，科技日报记者千里迢迢、几经辗转来到这里，探访了这群可爱可敬的官兵！

彰显坚守的强大力量

奇乾中队属武警内蒙古大兴安岭支队，驻防的是大兴安岭北部未开发的原始森林腹地。官兵人均防火面积16000多公顷！这里，林间植被茂密，地被物厚达30公分以上，可燃物蓄载量大，独特的小气候导致的夏季干雷暴，极易引发森林火灾。而山高林密、灌木丛生的原始环境，又给火灾扑救带来了巨大的难度。

官兵们用行动说话。一个夏日，雷暴在天空炸响，森林腹地多处

燃起了烈焰。火光就是命令！中队官兵与火魔鏖战8个小时，筋疲力尽。可还没等喘口气，前指通知：6公里外五号火场告急！疲惫的官兵背起50多斤的装备给养，向新的战场驰援。2米多高的灌木丛遍布山间，厚厚的腐殖层下暗流涌动，官兵们在林中艰难跋涉。6公里的直线距离，官兵们用了近8个小时才抵达。所有人脸上、手上都被针叶刺破，腰部以下全部被冰冷的溪水浸透，可没有一个人掉队。上等兵马壮被树枝刺伤眼睛，闭着眼睛扶着战友跟上了队伍；列兵王宏远脚被树杈扎伤，鲜血和冰冷的河水腻在一起，袜子都脱不下来……官兵们没有片刻休整，迎头冲上熊熊燃烧的火魔。此次灭火作战历时一个多月，中队官兵连续转场5次，平均每天休息不到3个小时，近半数官兵因为得不到休息晕倒在火线旁，可参战的45名官兵没有一个人后退半步！

又是一个仲夏。北部原始林区伊木河发生森林火灾，直接威胁到原始樟子松林和北京军区某边防连队油库安全！时任中队指导员吴迪带领党员突击队，冒着被倒木砸伤的危险，开挖防火隔离带。他们挥舞着砍刀，在厚厚的腐殖层上打开缺口。砍刀崩出了豁口、战士虎口震裂、裤脚被荆棘划开刺入肉里……可没有一个人退缩。极度劳累和高温让战士们晕倒了，浇壶水淋醒了再上；火把鞋底烤化了，塞进一把草穿上再上；风力灭火机油料耗干了，拿起身边的树条再上……10个多小时的奋战，火头顶住了，油库保住了，林子安全了！大战之后的战士满脸油烟、嘴里叼着干粮倚着树干就睡着了……在场的兄弟部队为官兵们的神勇和悲壮所震撼！为此，北京军区专门致电总参谋部为该中队请功。中队被授予集体二等功！

自1963年建队以来，该中队共参加灭火作战400余起，其中重特大森林火灾30余起，独立扑救初发火220余起。2012年，该中队被内蒙古自治区政府授予“北疆森林卫士”荣誉称号。

接力创业的绿色远征

身居深山老林，一年中有5个多月大雪封山，没有居民，外不通电，不通邮政，不通手机信号，奇乾中队官兵们过着“白天兵看兵，晚上数星星”的简单生活。但一茬茬官兵并没有因为条件艰苦降低工作标准，始终把“忠诚、坚守、创业、乐观”的奇乾队魂传承下来。

“穷地方，苦地方，建功立业好地方!”中队官兵用钢铁意志和坚定信念锻造着奇乾性格。2008年支队年度考核时，中队因为缺少正规的训练场而被考官扣了4分，当年没有评上先进。为摘掉后进的“帽子”，中队在缺少专业工具条件下，硬是靠官兵手抬肩扛在山坡上开拓出平整的训练场。同时，还针对实战化要求，在原始林地建起了全部队首个野外综合训练场。第二年，中队不仅夺回支队先进，还被总队评为先进!

自己动手，丰衣足食。以前，中队官兵夏吃萝卜土豆，冬吃咸菜干粮。为让大家吃上新鲜蔬菜，中队用4年时间在两米多厚的冻土层上进行“良田”改造工程。那段时间，人人都有腰腿痛，甚至有几名老兵得了风湿病，可没有一个人喊苦喊累。班长林克峰确诊患有风湿后，当年被安排转业。当中队干部问他走前有什么要求，他说，只想带一把菜地里的泥土。

情系奇乾，爱在林海。在奇乾中队，我们见到了上士郭喜。这位森林部队出了名的业务“大拿”，是已经服役了12年的老兵。他能打火、会养猪、种过地、懂做饭。2010年他又负责起中队抽水发电和锅炉取暖。初中文化的他靠自学先后掌握了12项技能，撰写了10多万字的工作心得。2012年，郭喜被评为森林部队十大“绿色卫士”。然而，12年间他没下过几次山，阳光帅气的他却因偏远闭塞回不了家，4次对象都没谈成。他笑着说：“我不纠结。你看，大兴安岭给我作证，满山的达子香就是我的新娘！”

像郭喜这样的人，在奇乾中队比比皆是：“以队为家好干部”殷坚、“雷锋式好班长”韩平、“自学成才小能人”卜晨光……正因为有他们，中队连续6年被总队评为先进中队，2012年中队党支部被武警部队表彰为创先争优先进基层党组织，2013年中队被武警森林指挥部评为基层建设标兵中队。

传承乐观的生命常态

奇乾官兵与森林朝夕相伴，时间长了就喜欢用树来表达自己的感情。中队后山的文化长廊悬挂着一块刻着“樟子松精神”的木牌，官兵把自己比作樟子松——扎根边陲、笑傲风雪、充满生机、昂扬向上!

白桦树更像是朝气蓬勃的战士，挺秀独立，与众不同。2008年，官兵们在白桦枝拼接的奥运五环前为北京喝彩；2009年，官兵们在白桦组成的地图前为祖国祈福……白桦树成了承载官兵感情的寄托。

上士李应广谈了好几个对象始终不成，新谈的女朋友因为长时间没有交流恐怕又要“吹灯”。战友们就给他出了主意——用白桦树皮给女孩写封情书。没想到很快接到了回信，不仅答应了李应广爱的表白，还计划来部队看看他。于是，大家又齐动手做了一个白桦枝的“心”。当女朋友接到这枚特殊的礼物后，真的把心交给了对方。不久后，两人就商量起了婚事，给奇乾平静的生活增添了几分温婉与缠绵。

沉默是金，奇石有情。去年，中队在拉练途中发现了块巨石，中队长带领大家把石头抬回了营区，并组织大家开了一场别开生面的“石头命名会”。官兵们踊跃发言，好主意层出不穷，最后刚从内蒙古医科大学毕业的军医李宾说：“我看就刻个‘乾’字，既是我们中队的队名，也寓意自强不息的意思。”于是，营区花坛中央，一个刻着“乾”字的原石被立了起来。来自四川大凉山的彝族班长布约小兵说：“这块石头是官兵们无言的战友，累的时候看看它，浑身就有劲儿。”

巍巍的大兴安岭，壮美人生大舞台。艰苦的环境给予了官兵成长的养分。组建以来，从这里走出了2名将军、11名师职干部和25名团职干部。中队先后有1人荣立一等功、2人荣立二等功、125人荣立三等功、54人受到自治区表彰。

“鲜花插在枪枝头，钢铁也温柔!”奇乾中队官兵最爱唱的是《守望边疆》，“登上巍巍的大兴安岭，婷婷白桦满山岗。走进青青的

呼伦贝尔，蓝天百鸟竞飞翔……”

官兵们高唱在大兴安岭，回应他们的是万顷林海的松涛阵阵！

（《科技日报》，2014 年 9 月 14 日，唐先武、陈维奇、温柏志）

用忠诚守护祖国“绿色宝库”

急促的集合号声打破了大兴安岭西北这片原始林海一角的宁静，这里的每个人知道，大火又来了！

整理装备，第一时间奔赴火场，演练与实战过无数次的场景再一次出现。橙色战斗服上的反光条泛着银色光芒，背后几十斤重的设备、给养跟随着脚步上下颠簸……所有人都意识到，即将面对的又是一场鏖战。

2017 年 4 月 30 日下午 5 点，内蒙古大兴安岭乌玛林业局伊木河林场发生俄罗斯入境火。5 月 1 日清晨，武警内蒙古森林总队大兴安岭支队莫尔道嘎大队奇乾中队奉命作为主要力量之一奔赴前线，全力参与灭火战斗。经过近 40 个小时的连续扑救，火灾被扑灭，无人员伤亡。

但还没等战士们喘口气，大火再起！过境大火全灭当日，大兴安岭毕拉河林业局北大河林场发生森林火灾，万顷原始林告急！顾不得休息，战士们肩负着同一个使命再赴火场，终将烈焰扑灭！

林海孤岛与世外桃源

这里是北纬 53 度，是中国最大连片尚未开发的大兴安岭北部原始林区腹地，距离中俄边境的直线距离只有 2. 5 公里，冬天最冷时达

零下五十多摄氏度。这里，也是武警奇乾森林中队的驻地。

中队的战士们说，奇乾是个林海孤岛，因为这里不通市电、不通公交、不通互联网，离着最近的莫尔道嘎镇也有146公里。

可更多的战士说，这里是世外桃源，因为自己就是在这里成熟、成长，懂得了什么才是真正的兵样子。

从海拉尔出发，开车近10个小时，沿途从高速公路变成砂石路，又变成了石板路，路边也从一望无际的大草原变成了茂密的原始森林。当地人说，去奇乾的路上“坑有多深只有车轱辘知道”。从朝阳走到夕阳，路边落叶松掉下的红色松针成了引着汽车前进的路标，最终把那一幢山脚下白色的营房带到了我们眼前。

就像这样，2016年1月15日，家乡在四川成都的新兵唐敏坐着大巴车来到了已经建队超过半个世纪的奇乾中队。不适应环境成了唐敏面对的最大难题。寒冷的气候伴随着老兵的关心，唐敏生平第一次在家外度过了春节。

望着第一次见到的白茫茫的大雪，唐敏想起了在新兵连时班长说的那句话：“要是表现不好就把你们送到最苦的奇乾中队去。”

八年前，如今已是班长的胡彭冲也是听着这样的话到了奇乾。

胡彭冲说：“那时候熬了一个月，觉得每天过得都非常难，就像突然‘穿越’似的，一下啥都没了，特别不适应。”

寂寞，成了奇乾中队新战士第一个强大的敌人。而帮助他们战胜寂寞的，除了每个月五分钟的卫星电话通话时间，一次拿到手几封甚至十几封的家信，最有力的“武器”还是听老兵们讲述奇乾中队发生过的一个个外人难以想象的故事。

2002年7月28日，一场雷暴在天空炸响，原始林腹地多处燃起了烈焰。这是一场建国以来特大的雷击森林火灾。同样是连续鏖战，当时中队的战士们在火线旁战斗了近1个月才取得了最终的胜利。期间，奇乾中队的官兵连续转场5次，平均每天休息不到4个小时，有的官兵甚至因劳累过度几乎晕倒在火线旁。

慢慢地，新战士们融入到了中队里，也开始像老兵那样慢慢地成长为中队的中坚力量。

樟子松撑起的铁汉

如今在中队的楼后，有一条官兵们自己修成的栈道。栈道两旁的树上挂满了中队现役和退伍的战士们写给中队的心里话。在栈道尽头的一棵树上，则挂着一个木牌，上面写着：樟子松精神，扎根边陲、笑傲风雪，充满生机、昂扬向上。向木牌上方仰望，就能看到扎根在一河之隔的岩壁上挺拔翠绿的樟子松。

奇乾中队负责的原始森林达到95万公顷，平均下来每个战士要负责24000个足球场那么大的面积。可中队指导员说："我们就要像樟子松一样，条件再艰苦也能站得住！"

王伟是奇乾中队的炊事班长，在调换工作前他也是中队里一名战斗班的班长。已经在奇乾服役了12年的他依然十分清晰的记着自己参与的第一次灭火。

他说，那天自己和战友们在凌晨四点听到集合号就马上起床，半个小时之后就整装出发。可王伟没想到，被告知直线距离只有十公里的火场自己足足走了一天，直到晚上九点半才看到火线。

王伟回忆说，到最后自己只知道跟着前面的战友低头走路，别的什么都顾不上了。老兵为了鼓励王伟，几次告诉他"再坚持半个小

时就到了”。最后王伟回答说：“班长你别忽悠我了，这都不知道多少个半小时了。”

到了火场，已经疲惫不堪的王伟和战友们马上投入了战斗。胸前一个背囊，胸后一个油箱，王伟承担的是给火线边战士们手中风力灭火机加油的任务。因为火线较长，王伟不得不从排尾撵到排头，奔走着给需要的战友加油。同时他还必须注意远离火源五米以上，否则一旦背后的油箱与火相遇，就会变成一个威力巨大的“炸弹”，一旦引燃后果不堪设想。

最终，王伟和战友们战胜了那次火灾，胜利归队。

如果“累”是王伟对灭火的第一印象，那么“渴”就是胡彭冲最难忘记的感观。

来到中队的第三个月，胡彭冲也跟着老兵上了火场。由于作战时间拉得长，胡彭冲携带的饮用水喝完了，数百公里原始森林内供给一时又难以跟上，渴的实在难受。

最终还是班长解决了问题，让胡彭冲撬开桦树皮，用木棒引流树干中的汁水。

“滴了一宿才有半瓶子水，喝起来还是一股树油味，”胡彭冲说，“之前从来不知道自己以前的生活有多幸福，从火场上下来我才终于体会到了。”

2006 年仲夏，奇乾北部原始林区伊木河发生森林火灾，直接威胁到原始樟子松林和边防连队油库安全，情况万分危急。为了灭火，中队组成的“突击队”冒着被倒木砸伤的危险，在火头必经之地开挖防火隔离带，预阻火线的蔓延。

战士们挥舞着砍刀在厚厚的腐殖层上打开了缺口。战士们的虎口震裂、荆棘划开裤脚刺入肉里、手里的砍刀崩出了豁口……有的战士因为劳累和高温而出现晕厥，短暂休息一下又冲了上去……10 个多小时的奋战，战士们死死地把火头压了下来。油库保住了，林海安全了。

这样的故事，在奇乾的队史中，有着太多太多。

白桦树的情书，不只写给爱人

正如胡彭冲所说，奇乾的战士们经历火场的严酷，就会更珍惜生活的美好。

曾经，中队一名战士小李为了留住女朋友的心，在战友的建议下用奇乾俯仰可得的材料——白桦树皮写了一封情书，并成功打动了姑娘的心。

可是，这样的例子实在太少。如今奇乾中队数十名官兵里，算上中队长在内成了家的也只有 4 人，其余的绝大多数还是单身。由于与外界长期隔离，官兵的婚恋问题始终不太好解决。

问起1990年出生的胡彭冲时，他回答说：“我也着急，村里像我这么大的人家孩子都好几岁了，父母也在催。”

然而，奇乾的战士们都很清楚地知道，一旦上了火场，这些都不会想太多了。

2014年4月30日，由俄罗斯入境的大火引起了北部原始林区一场特别重大森林火灾。当天一早，王伟和战友们就奔赴了火场。可是就在前一天，和王伟刚刚谈了4个月恋爱的女朋友第一次来到了中队，要看看王伟和他工作的环境。

谁也没想到，这又是一场大火。高强度的战斗让王伟模糊了时间的概念，只知道哪里有火就往那里去。直到大火被最终合围，指导员让战士们休息的命令一下，所有人就原地躺在了满是冰雪的地面上睡了过去。那次扑救，从4月30日找到火场位置一直到全部扑灭，王伟在山上干了八天，“下来的时候像个野人似的”。

回到中队，王伟见到了因为着急嘴上起了一个大泡的女朋友，一时间愧疚的情绪充满了内心。如今，两人的孩子已经快两岁了，可王伟见到孩子的次数依然少之又少。对于王伟这样的家庭，在孩子心里爸爸只是手机里和墙上的照片，生活中是很少存在的。

去年，中队的战士们用白桦树皮在楼后山坡上拼成了两个20米见方的汉字——忠诚。对于他们来说，这就是写给祖国最好的“情书”。

到今天，战士们的生活质量在不断改善。年初，营区门前修通了水泥路，营区里还修建了可供直升机降落的停机坪。不仅如此，一个移动信号发射塔刚刚在营区边立了起来，大家都期待着信号能保持稳定，这样就能用手机与家人朋友通上话。

坚守在这艰苦环境中的战士们，他们把最美的年华奉献给了寂寞的边陲，却也用信仰、忠诚守护了祖国辽阔“绿色宝库”的安宁。

王伟说：“虽然我今年底就要达到服役年限，可我还是要申请继续留在奇乾。因为这里就是我的家！”

（《中国青年网》，2017年5月7日，李拓、杜赟、温柏志）

附录一　歌　曲

家在奇乾

1=B 4/4

♩=66

作词:胥得意
作曲:卓 娜

1
0 0 0· 5 6 | 5 5 3 3 3· 3 2 | 2 1 2 1 1 6 6· 0 6 1 6 |
那一 年 离开家 梦想 出去见见世 面 穿过了

4
2 2· 2 1 2 2 2 6 1 6 | 2 2· 2 6 5 5· 1 2 | 3 3 3 2 5 5 – |
茫茫 大草原 走进了 巍巍 大兴安 林海 深处安了家

7
6 5 5 5 2 3 6 0 6 1 | 2 3 2 2 0· 6 1 | 2 2 3 1 1 0 0 |
家名叫 奇 乾 半年 雪封路 百里 无人 烟

10
7 7 7 7 2 2 5 1 1 | 7 7 7 7 7 2 3 3· 2 3 | 4 4 3 4 5 4 4· 6 1 |
想家时抬头望望山 故乡就在山那边 奇乾 人心里都知道 哪怕

13
3 2· 2 1 2 2· 2 3 | 5 3 3 2 3 3 3 3 5 3 | 7 5 5 2 3 2 1 0 1 6 |
再苦 不抱怨 人生 处处是晴天 山里的 时光就这 样 一日

16
2 3 2 2 2 1 2 3 2 2 | 2 2 2 2 1 3 3 2· 0 2 3 | 5 3 3 2 3 3 3 3 5 3 |
又一日 一年又一年 看惯了我的林 海 人生 处处是晴天 山里的

19
7 5 5 2 3 2 1 0 1 6 | 2 3 2 2 2 1 2 3 2 2 |
时 光 就这 样 一日 又一 日 一年 又一 年

21
2 2 2 2 1 3 3 2· 0 2 3 | 1 2 1 2 2 1· 1 0 | (间奏略) |
看惯了我的林 海 爱上 我的奇 乾

24
0 0 0· 5 6 | 5 5 3 3 3· 3 2 | 2 1 2 1 1 6 6· 0 6 1 6 |
那一 年 走出山 渴望 回家迎接挑 战 看过了

27
2 2· 2 1 2 2 2 6 1 6 | 2 2· 2 6 5 5· 1 2 | 3 3 3 2 5 5 – |
繁华 大都市 领略了 人生 酸和甜 内心 深处更想家

30
6 5 5 5 2 3 6 0 6 1 | 2 3 2 – 0 6 1 | 2 2 3 2 1 0 0 |
家就在 奇 乾 同打 百场 火 共吃 一锅 饭

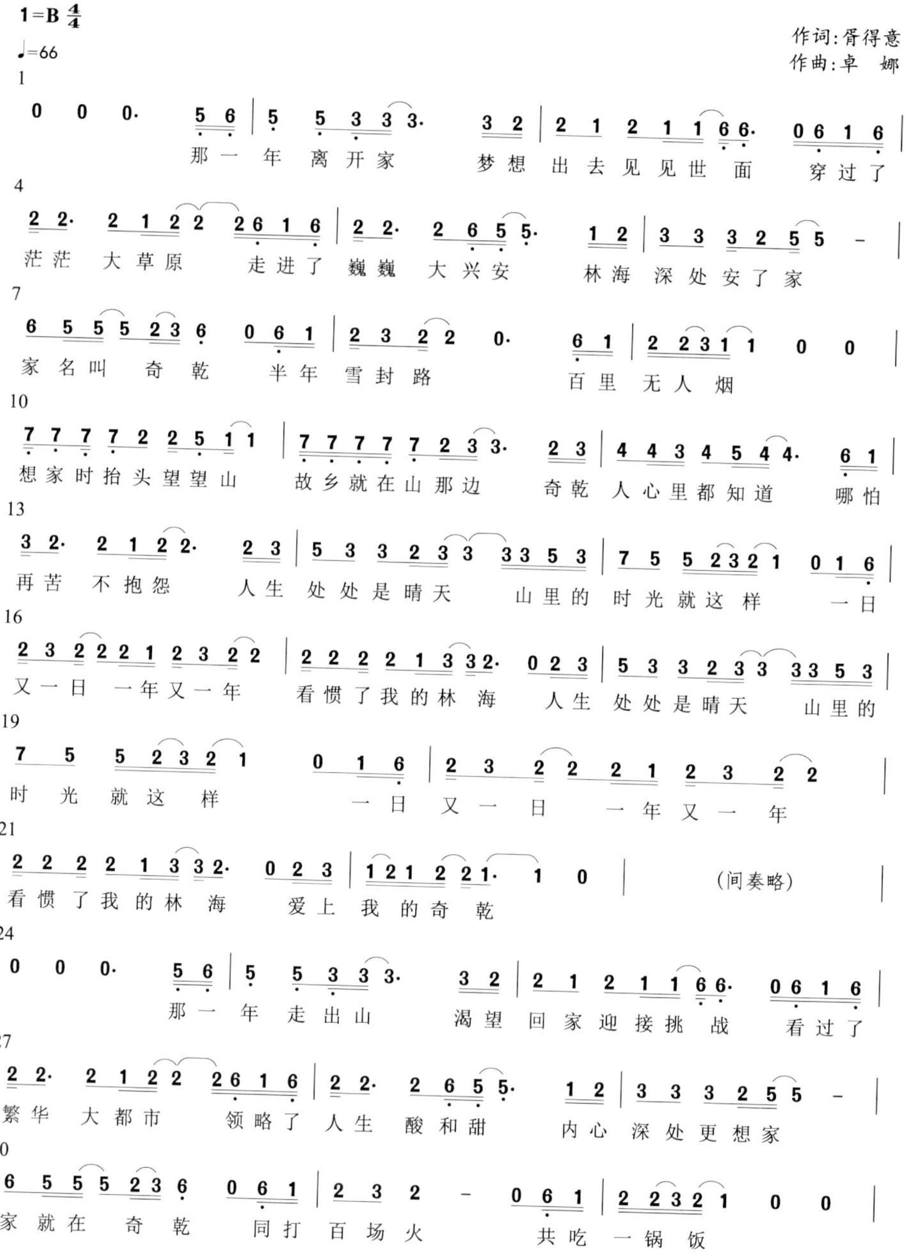

33
7 7 7 7 7 2 1 1 – | 7 7 7 7 7 2 2 3 0 2 3 | 4 4 3 4 5 4 4· 6 1 |
生死相依亲兄弟 你我曾经共冷暖 奇乾 人心里都知道 此生

36
3 2· 2 1 2 2· 2 3 | 5 3 3 2 3 3 3 3 5 3 | 7 5 5 2 3 2 1 0 1 6 |
相逢 终会散 只能 梦 里 回 奇 乾 山 里 的 时 光 就 这 样 一 日

39
2 3 2 2 2 1 2 3 2 2 | 2 2 2 2 1 3 3 2· 0 2 3 |
又 一 日 一 年 又 一 年 魂 牵 着 我 的 林 海。 只 能

41
5 3 3 2 3 3 3 3 5 3 | 7 5 5 2 3 2 1 0 1 6 | 2 3 2 2 2 1 2 3 2 2 |
梦 里 回 奇 乾 山 里 的 时 光 就 这 样 一 日 又 一 日 一 年 又 一 年

44
2 2 2 2 1 5 5 2· 0 2 3 | 1 2 1 2 2 1· 1 0 ‖
魂 牵 着 我 的 林 海。 梦 绕 我 的 奇 乾

每一个人感到温暖。

——文喆，2015 年入伍

在这里我学会了坚守，对这个词我有了更深刻的理解。

——颜世伟，2011 年入伍

奇乾是森林部队的品牌。

——姜涛，2015 年入伍

有人说奇乾是排长的坟墓，但也可以是我们的沃土，关键在于我们怎样看待奇乾，怎么看待自己。

——张千，2009 年入伍

来到了奇乾，让我明白了责任，对自己对他人的负责。

——马壮，2011 年入伍

在奇乾，我学会了干工作要履职尽责。

——刘峰，2011 年入伍

来到这个大家庭，让我感到了温暖，让我知道了自己所担负的责任和使命。

——第五凯凯，2015 年入伍

在这里传承使命与荣光，实现了我的报国志，树起了军人好样子。

——杜宇，2015 年入伍

我在军营里生活的这段时间里，让我知道了什么是不怕苦、不怕累的精神。

——张强，2015 年入伍

来到了这里，就没有任何理由离开。驻守在这里，就必须全力以赴。

——唐敏，2015 年入伍

穿上这身军装，就意味着要远离亲朋好友的呵护，就意味着要用生命时刻守护着祖国这片绿色林海，在个人利益与国家利益的面前，参军入伍是我的无悔选择。

——赵智超，2013 年入伍

五年守护，磨砺了意志，锻炼了品格，充实了思想，懂得了知足。

——蹇江游，2011 年入伍

有理想的地方，偏远也是天堂。有希望的地方，寂寞也会消失。

——王震，2011 年入伍

部队的苦累是我人生的基石，这些基石为我铺出一条前行的道路，让我风雨无阻地前进。

——康广林，2014 年入伍

奇乾教会了我怎样处理战友关系，让我懂得了怎样和谐相处，和战友建立了深厚感情。

——张浩东，2014 年入伍

在这个充满理想和希望的地方，我懂得了人生的真谛。

——屈振蓬，2012 年入伍

来到了部队，让我学会了宽容与责任。

——唐龙，2013 年入伍

经历了坎坷，耐得住寂寞，才能成长和进步。

——王伟，2006 年入伍

青春无悔献警营，当兵就当奇乾兵。

——赵远，2009 年入伍